人工智能的商业应用

陈 根 编著

电子工业出版社
Publishing House of Electronics Industry
北京•BEIJING

内 容 简 介

人工智能将引领一场比互联网影响更为深远的科技革命，各领域的企业都需要尽早地将人工智能纳入企业规划路径。在人工智能革命的时代，企业应如何应对挑战、如何调整企业发展方向，以及如何重塑企业运营模式和完善管理制度，从而在人工智能的浪潮中获得机遇。作为个人，我们又应如何面对未来人机协作的工作模式，如何在未来的工作环境中寻找适合自己的位置。只有了解人工智能能做什么，才能知道我们应该做什么。本书介绍了人工智能的历史与现状、应用及商业化的未来趋势，列举了相关的案例，深入分析了人工智能为社会环境带来的变化、机遇与挑战。本书内容涵盖了人工智能的主要发展领域，如无人驾驶、金融科技、医疗服务、智慧安防等，刻画了人工智能未来的发展场景和商业模式，可为我国各行业应对智能化转型提供很好的参考和借鉴。

图书在版编目（CIP）数据

人工智能的商业应用 / 陈根编著. —北京：电子工业出版社，2020.10
ISBN 978-7-121-39687-8

Ⅰ. ①人… Ⅱ. ①陈… Ⅲ. ①人工智能－应用－研究 Ⅳ. ①TP18

中国版本图书馆 CIP 数据核字（2020）第 184040 号

责任编辑：秦 聪
印　　刷：北京捷迅佳彩印刷有限公司
装　　订：北京捷迅佳彩印刷有限公司
出版发行：电子工业出版社
　　　　　北京市海淀区万寿路 173 信箱　邮编：100036
开　　本：720×1 000　1/16　印张：14.25　字数：228 千字
版　　次：2020 年 10 月第 1 版
印　　次：2022 年 1 月第 2 次印刷
定　　价：79.00 元

凡所购买电子工业出版社图书有缺损问题，请向购买书店调换。若书店售缺，请与本社发行部联系，联系及邮购电话：（010）88254888，88258888。

质量投诉请发邮件至 zlts@phei.com.cn，盗版侵权举报请发邮件至 dbqq@phei.com.cn。

本书咨询联系方式：（010）88254568，qincong@phei.com.cn。

序言

2016 年年初，AlphaGo 击败李世石的人机大战引发了互联网上的一阵热议。人们热切关注的这一事件是人工智能的一个转折点，标志着已有长达 60 多年发展历程的人工智能有了令人欣慰的成绩，人工智能自此逐步升温，成为政府、产业界、科研机构及消费市场竞相追逐的对象。经过近几年各大公司加速研发、迭代、更新、测试，人工智能得以快速发展。

在 2017 年的全国"两会"上，人工智能首次被写入政府工作报告。这充分说明，在人工智能这个领域，政府与企业界正在达成共识，这将加速人工智能革命的进程。近年来，人工智能的发展趋势是走出实验室、进入人们的生活，甚至代替一部分人进行工作；随之而来的问题是它会不会夺走我们的饭碗，造成失业恐慌。我们将会在导论部分分析人工智能带来的社会变化和应对策略。

得益于机器学习和深度学习算法的进步、互联网的海量数据存储，以及各大公司商业实力和硬件计算能力的提升，人工智能迎来了一个真正爆发的时机，其应用场景部分落地并创造了商业价值。人工智能革命的过程轰轰烈烈，但是它的成果将会像一条宽广而平缓的河流。在今天，我们可以看到人工智能的成果为我们的生活带来的便利，如无人超市、扫地机器人、智能音箱等。也许在将来，人工智能的成果会在生活的所有环节提供人们所需要的东西，到那时习惯了智能化设备的我们或许会感慨，这是以前从来没有想象过的。

作者基于前人的成果、市场调研结果及对人工智能的理解，精心编写此书。本书可作为人工智能产业相关从业者了解行业整体信息的补充材料，也可作为人工智能相关方面的爱好者了解其商业化路径的学习材料。本书的内容概括如下：

➢ 导论主要介绍人工智能的定义和人工智能引发的"失业恐慌"；

➢ 上篇主要介绍人工智能的发展历程和现状；

➢ 中篇主要介绍人工智能的商业化应用方向；

➢ 下篇主要介绍人工智能商业化的未来趋势和创业环境；思考人工智能发展带来的选择与文化变革。

新兴领域和科技趋势对文字描述的准确性、数据的时效性和观点的前瞻性都提出了很大的挑战，本书还有诸多不完善之处，希望广大读者给予批评与指正。

陈 根

2020 年 9 月

导论

一、什么是人工智能

　　人工智能也称机器智能，是计算机科学的组成部分，主要研究程序如何能够像人一样的思考和决策，是对人类智能的拓展及延伸。目前，人工智能领域蓬勃发展，研究人员在理论分析、推导验证、技术研究、开发实践与具体应用等方面都投入了大量的时间和精力，并取得了显著的成绩。例如，自然语言处理系统、图像处理系统、语音系统等的研究和开发。在科技领域，人工智能迅猛发展并带来了日新月异的变化。如今，人工智能已经成为科研领域中令人瞩目的焦点。

　　2016 年 1 月，DeepMind 公司开发的 AlphaGo 打败了欧洲围棋冠军。同年 3 月，AlphaGo 以 4 比 1 的成绩战胜韩国顶级专业选手李世石。2017 年 5 月，在中国乌镇围棋峰会上，AlphaGo 与当时排名世界第一的围棋选手柯洁对战，以 3 比 0 的比分获胜。这场人机巅峰对决标志着人工智能已经发展到比较先进的阶段，不仅吸引了社会各界的目光，而且激起了一场关于人工智能的全民大讨论，人们对 AlphaGo 和人工智能的原理充满了好奇。

　　AlphaGo 是一种围棋人工智能程序，其主要原理是深度学习算法。深度学习是指多层的人工神经网络和训练它的方法。今天许多流行的人工智能程序都使用人工神经网络来模拟简单的互相连接单元组成的网络，就像是人脑中的神经元。人工神经网络通过程序输入的数据来学习经验，从而调整单元之间的连接。人工智能看似简单的原理在实际应用中存在很多困难。例如，计算机由图像来识别物体是十分困难的，前期需要通过海量数据进行训练，使程序具备感知和判断能力，而人类进行图像识别时可以利用感知器官和大脑来协调工作。

人工智能影响广泛，在很多领域都进行着大量的研究、实践和应用。人工智能研究的主要内容包括知识表示、自动推理和搜索方法、机器学习和知识获取、知识处理系统、自然语言理解、计算机视觉、智能机器人等方面。

人工智能有许多重要的算法，不同领域应用的算法各不相同。常见的基础机器学习算法包括逻辑回归、决策树、随机森林、聚类分析等。而在实际应用领域更常见的是深度学习算法，基础的深度学习算法包括卷积神经网络和递归神经网络。由此衍生出很多应用型的算法，如图像分类领域的 VGG 算法和 ResNet 算法，以及目标检测领域的 SSD 算法和 RCNN 算法等。在本书介绍的诸多算法中，最重要的算法是卷积神经网络。卷积神经网络包含输入层、输出层和隐含层，它可以通过一些方法，将稀疏的图像数据矩阵进行降维，再利用降维后的数据进行训练，所以卷积神经网络擅长处理稀疏矩阵。通过卷积神经网络降维后的数据所包含的信息密度大，易于分析，更容易得到准确度高的模型。对于程序而言，图像是一种多维数据，将图像输入卷积神经网络，并经过隐含层的降维、特征提取得到压缩后的数据，利用降维数据进行训练，卷积神经网络将每个图像与其相应的标签相互映射，相当于对图像进行分类。除此之外，卷积神经网络在语音识别、机器翻译和文本分类等领域也有广泛的应用。

二、人工智能能做什么

人工智能具有广阔的应用前景，人们正在考虑利用程序和机器人结合实现许多程序化的操作，目前"AI+"模式已经成为发展的主流，各大公司都在研究人工智能的实践和落地。下面简要介绍人工智能在几个热点领域的应用，本书将在后续章节中进行详细的介绍。

（一）自动驾驶领域

自动驾驶技术是目前智慧城市概念中发展最为迅猛的技术，各大公司正在进行自动驾驶技术的落地实验。此外，智能交通系统也是目前研究的热点，应用最广泛的国家是日本，其次是美国、欧洲等国家和地区。智能交通系统在我国的应用主要是对交通方面的车辆流量、行车速度进行采集和分析，从而对交通情况实施监控和调度，提高道路通行能力。大众、宝马、苹果、谷歌等知名汽车厂商和科技企业近年来都相继着手研究依托于人工智能"黑科技"的自动驾驶汽车。国内的百度、小马智行、Momenta 等公司也正在集中力量利用深度学习研究环境感知、高精度语义地图、驾驶决策等核心技术。

（二）智能家居领域

智能家居基于物联网技术，通过智能硬件、软件系统及云计算平台构成一个完整的家居生态圈。用户可以远程控制设备（如智能音箱、扫地机器人等），设备之间可以互联互通。智能家居的上述特点是它进入家居市场的一个爆发点。让用户初步了解智能家居，逐步渗透，最终使用户接受安全、可靠、智能、便捷的智能家居环境。智能家居也可以理解为家居的智能化，利用网络通信技术、安全防范技术、自动控制技术、音视频技术等多种技术对家居设备进行改造，把家居设备和设施集成在一起，构建高效的家庭日程事务管理系统，提升家居生活的安全性和便利性。

由于智能家居的存在，在日常生活中就好像有一个隐形的助手，不仅可以照顾我们的生活起居，还能够营造舒适自然的生活环境。智能家居单品主要包括与人身安全相关的视频监控、智能门锁，与健康相关的手环、智能体重秤，与节能环保相关的智能开关、智能家电，以及与游戏娱乐相关的产品。虽然整体智能家居还没有投入市场，但是现阶段这些单品已经为我们的生活创造了智能且便利的环境。

（三）零售领域

无人超市（从选购到付款只需顾客独自完成的无营业员超市）目前是零售领域的热点研究方向。由于不断上涨的人力成本和房租，使便利店盈利成为一个难题，随着物联网、人脸识别技术、移动支付技术的准确性和安全性的提高，为无人超市提供了技术保障，无人超市将会得到快速发展。目前，在一线城市已经可以看到无人超市的身影，如便利蜂、京东无人超市等。图普科技则将人工智能技术应用于客流统计，通过人脸识别客流统计功能，门店可以从性别、年龄、表情、新老顾客、滞留时长等多个维度建立到店客流的用户画像，为调整运营策略提供数据基础，帮助门店运营从匹配真实到店客流的角度提升转换率。所以，利用好人工智能才能让零售业在快速变化的科技时代获取新的突破。从无人超市的应用方面进行延伸考虑，智能供应链、客流统计、无人仓库等都是人工智能的热点研究方向。

（四）其他领域

除了上述应用领域之外，人工智能在医疗领域、物流领域和安防领域也有广泛的应用。国内的各大公司也在积极研发这些热点技术。

目前，垂直领域的图像算法和自然语言处理技术能够基本满足医疗行业的需求，市场上出现了众多技术服务商。例如，提供智能医学影像技术的德尚韵兴，研发人工智能细胞识别医学诊断系统的智微信科，提供智能辅助诊断服务平台的若水医疗，统计及处理医疗数据的易通天下等。尽管人工智能在辅助诊疗、疾病预测、医疗影像辅助诊断、药物开发等方面发挥着重要的作用，但由于各医院之间医学影像数据、电子病历等具有保密性，以及人工智能企业与医院之间合作的不完全透明等问题的存在，导致人工智能技术在医疗领域不能大显身手，限制了人工智能技术在该领域的研究和发挥。

物流领域通过利用智能搜索、推理规划、计算机视觉及智能机器人等技术，在运输、仓储、配送、装卸等流程上已经进行了自动化改造，基本能够实现无人操作。例如，利用大数据对商品进行智能配送规划，优化配置物流供给、需求匹配、物流资源等。目前，物流领域大部分人力分布在"最后一公里"的配送环节，京东、苏宁、菜鸟等企业争先研发无人车、无人机，力求抢占市场先机。

安防领域的发展经历了 4 个阶段，分别为模拟监控、数字监控、网络高清监控和智能监控。每一次行业变革都得益于算法、芯片和零部件的技术创新，以及由此带动的成本下降。因而，产业链上游的技术创新与成本控制成为安防领域中监控系统功能升级、产业规模增长的关键，也成为产业可持续发展的重要基础。

目前，随着国内科技、制造等领域的巨头公司纷纷布局加入，人工智能的规模进一步扩大，部分核心技术实现重要突破，中国有望实现弯道超车。未来是人工智能的时代，而未来的市场属于能够把握人工智能的企业。

三、如何看待人工智能热下的失业恐慌

随着互联网的快速发展，人工智能已经对社会产生了颠覆性的影响。不仅是中国，美国、日本等国家也高度重视人工智能对未来科技和产业竞争的影响，各国政府积极布局发展人工智能。

2018 年 1 月，美国小胡佛委员会（the Little Hoover Commission）召开人工智能对经济和劳动市场的影响大会，华盛顿信息技术和创新基金会主席罗伯特·阿特金森（Robert D. Atkinson）发表讲话，提出各国普遍处于人工智能的恐慌上升期，并从其应用范围、技术发展等方面剖析了造成恐慌的原因。其中，失业作为人工智能引发的最大恐慌正在逐渐蔓延。人们到国外旅行时，只需要下载翻译软件就可以进行交流；在火车站验票时，人脸识别技术避免了人工查验的烦琐；通过人工智能的图像识别技术，让识别癌细胞变得更加容易……人工智能技术渗透到各行各业，对各行业的发展和就业结构产生了一定的影响。

人工智能对社会的影响将造成两种状态的失业：一种是结构性失业，另一种是全面性失业。结构性失业是指在人工智能的冲击下，某些行业将在短期内面临结构性挑战，甚至存在被替代的可能。这种冲击的对象首先是专业化、程序化程度较高的行业或职业，如传统的翻译业。全面性失业则侧重强调受到人工智能冲击的覆盖面。从医药、

金融、城市建设到文学艺术，人工智能涉及各行各业，即使是艺术创作领域，人们也在利用算法研究创作的规律。例如，通过输入名字来让程序吟诗作赋、利用图像迁移技术来实现图像风格迁移等。

但是对人工智能不了解的人们只从这场变革中看到风险，却没有从中看到机遇。人们习惯于原来的安逸生活，对眼下的变革不知该如何应对，人工智能造成失业的这种观点不仅夸大了技术发展对就业的影响程度，而且忽略了技术发展创造新就业机会的能力，从而造成人们的过度恐慌。当前的技术不会无限呈指数级增长。数十年来，技术创新的发展速度一直在下降，如今在各领域开展技术创新要比半个世纪前开展技术创新困难得多，并且今后可能会变得更加困难。"人工智能会造成失业"的支持者们夸大了人工智能技术替代职业的程度。实际上，目前人工智能所能够支持的任务是一些较为单一的简单工作，如火车站利用人脸识别技术验票。一些比较复杂的工作还需要更多的技术支撑和更加完善的程序；某些任务实现自动化流程，需要改变原来的设计，并在自动化程序上确保人工智能程序可以正常运转。同时可以窥见，虽然直观上人工智能减少了某些岗位的需求，但却引起了其他职位的需求。所以，人工智能并不是完全消除了就业机会，而是重新定义了某个工作岗位和机会，从而创造更高的劳动价值。

我们应该正确看待人工智能引发的"失业恐慌"。加快人工智能技术的研发，企业需要加强对其应用的管理，国家也需要制定相关的法规，培养更多的人工智能方向的高端人才，来适应科技的发展，积极应对人工智能带来的社会变革。虽然人工智能不会造成大规模的失业，但是那些重复性、简单化、流程化的工作岗位将会不可避免地被取代。所以从个人的角度来讲，应该对自身的工作性质有清晰的认识；从国家和企业的角度来讲，需要为工作人员提供必要的知识和技能培训，以适应未来高端岗位的要求，积极应对社会变革。

目录

下篇
人工智能商业化的未来趋势

人工智能的历史与现状

　　人工智能领域因其长达 60 余年的发展历史和广泛的涉及范围，拥有比一般科技领域更复杂、更丰富的概念。人工智能的研究是如何开始的？当代人工智能的发展到了哪一步？在本篇中，我们将带你走进人工智能的前世今生，为你揭示这项颠覆性的技术。

第一章
Chapter 1
人工智能的发展历程

　　人工智能曾经的发展并不像今天这样顺利。科学家们经历了 60 余年的沉淀，不断尝试、推陈出新、潜心钻研才有了今天的研究成果。了解人工智能的成长历程能让我们更好地理解人工智能，进一步明确未来人工智能的空间有多大。

1.1 初生——达特茅斯会议

1956 年,即图灵去世后的第二年,在达特茅斯会议上人们将"人工智能"一词确定下来,人工智能自此成为一个特定的学术领域,部分研究成果得到了共享,为后续研究奠定了基础,这是这次会议最重要的成果。

达特茅斯会议召开后,20 世纪 50 年代后半期至 70 年代初期出现了第一次人工智能热潮,这一时期被称为"推论·探索的时代"或"智能的时代",该时期模仿人脑运行的研究非常符合人工智能这一名称。人工智能大展身手的第一个学科是数学学科,纽埃尔和西蒙在达特茅斯会议上展示了人类历史上首个人工智能程序"逻辑理论家",该程序不仅证明了《数学原理》中的 38 个定理,而且给出了一些比罗素本人的证明更加简洁的解法。随着机器定理证明研究的深入,在 1963 年,"逻辑理论家"程序已经升级到可以证明《数学原理》中的前 52 条定理。

"逻辑理论家"程序在人工智能的历史上具有里程碑式的意义,它验证了人工智能的重要性和合理性。自 1946 年首台计算机诞生以来,计算机都是用来解决具体数值的计算的,如导弹弹道计算、核反应模拟,而证明抽象化、符号化的数学定理一直被认为是不可行的。在持续的研究中人们发现，计算机推演了数十万步也无法证明两个连续函数之和仍是连续函数；最糟糕的是人工智能在机器翻译领域的表现不佳。之后，人工智能的研究方向转变为寻找国际象棋与迷宫游戏的最优解。例如，在国际象棋这样的游戏中，人工智能能够连续反复计算从有限个数的选项中找出最优解。由于这种方法从像树枝一样不断分叉展开的选项模式中找出最优解，因此该方法也被称为搜索树。如果能够一个不落地确认搜索树的所有可能性，那么就能够找到最优解。然而，在可选项过多以至于无法确认全部可能性的情况下，这种方法则需要进行一些改进。

搜索树研究只是遵照人类设定的公式或推论，通过理论与结果之间的运算法则发挥作用。搜索树研究在游戏模式较为单一、计算量不大的情况下尚且有效，但是当模式数量繁多，或者涉及问题过于分散以至于无法具体分类时则难以应对。此外，当时的计算机性能较差，普及程度也并不广泛。因此，第一次人工智能热潮便退去了。

人工智能再一次受到关注是在 20 世纪 80 年代。当时，人们对于专家系统的期待非常高。专家系统是指原本需要专家做的工作由机器代为进行，其特点是将专家的知识进行规则化以便灵活运用。专家系统的应用尝试在医疗、会计、金融等领域进行，均取得了较好的效果。但是好景不长，在专家系统或知识工程获得大量的实践经验之后，弊端也开始逐渐显现，专家系统存在知识瓶颈的问题，因为它的运作需要大量的先验知识作为输入。由于专家系统的应用在 20 世纪 90 年代被认为已经达到了极限，因此人工智能再次进入"冬季"。

这个棘手的问题为人工智能带来了革命性的改变，人工智能逐渐演化成三大不同的学派——符号主义学派、联结主义学派和行为主义学派，并沿着不同的路径继续发展。

1.2　竞争——三大学派

专家系统遇到的难题使人们开始寻求其他的解决方式——如果让知识通过自下而上的方式涌现，而不是让专家们自上而下地设计出来，那么机器学习的问题其实可以得到很好的解决。自此人工智能逐渐演化为三大学派：一些人认为可以通过模拟大脑的结构（神经网络）来实现，被称为联结主义学派；还有一些人认为可以从那些简单生物体与环境互动的模式中寻找答案，被称为行为主义学派；而传统的人工智能则被称为符号主义学派。

1.2.1　符号主义学派

符号主义学派认为人工智能源于数理逻辑。数理逻辑从 19 世纪末开始迅速发展，到 20 世纪 30 年代用于描述智能行为，并在计算机上实现了逻辑演绎系统。我们在前文提到的"逻辑理论家"程序表明了计算机通过研究人类的思维过程可以模拟人类的智能活动。在人工智能中，机器定理证明是典型的符号主义的一个代表，而机器定理证明的方法之一是吴文俊先生创立的"吴文俊方法"。

该学派认为人类认知和思维的基本单元是符号，而认知的过程是对符号的逻辑运算，因此，人类抽象的逻辑思维就可以通过计算机中逻辑门的运算来模拟，实现机械化的人类认知。而麦卡锡则强调人工智能的智能并不体现在真实的具体行为中，而是体现在思维方式上。

基于麦卡锡的观点，发明"逻辑理论家"程序的纽埃尔和西蒙进一步推演得到物理符号系统假说，该假说认为任何能够将某些物理模

式或符号转化成其他模式或符号的系统都有可能产生智能的行为,这
也是符号主义学派名字的由来。基于该假说,符号主义学派的研究者
们聚焦人类智能行为,如推理、决策、知识表达等,并取得了巨大的
成功。

2011 年,在美国电视节目《危险游戏》中,超级计算机沃森通过
处理自然语言线索,在涉及各个领域的知识问答上战胜了人类。这说
明计算机不仅能在初始条件确定的棋盘中获胜,而且在不确定的初始
条件下,仍能够表现优异。但是经过一段短暂的喜悦后,符号主义学
派逐渐走向衰弱。

1.2.2　联结主义学派

联结主义学派并不认为人工智能源于数理逻辑,也不认为人工智
能的关键在于思维方式,这一学派将人工智能建立在神经生理学和认
知学的基础上,强调人工智能是由大量简单的单元通过复杂的相互连
接后并行运行的结果。

1959 年,Hubel 和 Wiesel 进行了一项观察猫的视觉神经元反应的
实验。实验发现,某些神经元具有简单的模式功能,而复杂的模式功
能是由简单的模式功能所构成的。后来,通过对猴子的视觉中枢的解
剖实验发现,从视网膜到大脑皮层的信息传输是从低级区域到高级区
域的传递,低级区域的输出成为高级区域的输入。低级区域识别图像
中像素级别的局部特征,高级区域将局部特征组合成全局特征,形成
复杂的模式,模式的抽象程度逐渐提高,直至语义级别。

上述发现启发计算机科学家发明了人工神经网络。人类的智慧主
要来源于大脑的活动,而大脑则是由一万亿个神经元细胞经过错综复
杂的连接构成的。联结主义学派认为神经元不仅是大脑神经系统的基
本单元,还是行为反应的基本单元。通过大量的低级神经元对信息的

处理和传递，将形成的复杂的信息作用于高级神经元，完成复杂的思维过程。

基于上述思路，联结主义学派构建了人工神经网络来模拟人类大脑。通过编程的手段，模拟人类大脑中神经系统的结构和功能；通过构建不同的神经系统层次形成不同的网络，应用于不同的场景。

近年来，深度学习技术的发展使得人们能够模拟视觉中枢的层级结构，考察每一级神经网络形成的概念。底层网络总结出各种边缘结构，中层网络归纳出眼睛、鼻子、嘴巴等局部特征，高层网络将局部特征组合，得到各种人脸特征。这样人工神经网络就佐证了视觉中枢的层次特征结构。

有关人工神经网络的研究在 20 世纪 80 年代末至 90 年代初达到巅峰，联结主义学派的研究者们提出了形式化神经元模型，将反馈学习算法应用于神经网络和多层网络中的反向传播算法，这些研究成果使人工神经网络在各个领域得到了广泛的应用。但是随后人们发现，如果网络的层数加深，那么最终网络的输出结果对于初始几层的参数影响微乎其微，整个网络的训练过程无法保证收敛，并且从理解层面来讲，人们虽然可以模拟人类大脑构建神经网络，但是并不清楚这些神经网络究竟是如何工作的。在这一阶段，计算机科学家针对不同的任务开发出了不同的算法。例如，针对语音识别开发了隐马尔科夫链模型，针对人脸识别开发了 Gaber 滤波器、SIFT 特征提取算法、马尔科夫随机场的概率图模型。因此，在这一阶段，人们倾向于开发专用算法。

但是随后 Sharma 的实验结果说明，大脑实际上是一台"万用学习机器"，同样的学习机制可以用于完全不同的应用场景。人类的 DNA 并不提供各种用途的算法，而只提供基本的普适学习机制，人的思维功能主要依赖于学习所得。后天的文化和环境决定了一个人的思想和能力。也就是说，学习的机制人人相同，但是学习的内容决定了人的思想。相比于符号主义学派，联结主义学派的方法在一定程度上实现了人类大脑形象思维的功能。

1.2.3 行为主义学派

行为主义学派认为行为是有机体用于适应环境变化的各种身体反应的组合，它的理论目标在于预见和控制行为。行为主义学派认为人工智能源于控制论，控制论把神经系统的工作原理与信息理论、控制理论、逻辑及计算机联系起来，其研究重点落脚于模拟人在控制过程中的智能行为和作用，如对自寻优、自适应、自学习等控制论系统的研究。行为主义学派将研究焦点放在了昆虫上，昆虫可以灵活地摆动自己的身体行走，还能够快速躲避捕食者的攻击，并在大量昆虫聚集在一起时能够表现出非凡的群体智能，形成严密的社会性组织。从时间角度来看，生物体对环境的适应还会迫使生物体进化，从而实现从简单到复杂、从低级到高级的跃迁。

行为主义学派的机械代表作首推美国麻省理工学院教授罗德尼·布罗克斯设计的六足行走机器人，它被视为"控制论动物"，是一个基于感知-动作模式模拟昆虫行为的控制系统。行为主义学派的算法代表则是美国科学家约翰·霍兰提出的遗传算法和美国心理学家詹姆斯·肯尼迪提出的粒子群优化算法。遗传算法对进化中的自然选择现象进行了高度抽象，通过变异和选择实现目标函数的最优化。粒子群优化算法则通过模拟动物的群体行为解决最优化问题。

但是行为主义学派的研究方法具有很大的局限性。行为主义学派的研究切入点从动物开始，并将从动物身上得到的结论在人类身上推广，却忽视了人类的特殊性，过于极端；行为主义学派否认生理和遗传对心理的作用，认为只要给予适宜的环境刺激，就可以塑造人类相应的行为反应，却忽视刺激反应之间人的主体性因素的作用，把人类看成一台受到刺激而做出被动反应的机器，把环境特别是社会环境看作人类行为的决定力量。因此，行为主义学派在解释人类行为时，难免要犯机械环境决定论的错误。

1.3 曙光——人工智能谁领风骚

至今，人工智能技术已经走过了 60 年的历程，在这段曲折的路途上，人工智能技术经历坎坷：经历了二十世纪五六十年代以及八九十年代的人工智能浪潮期，也经历了七八十年代的低谷期。人工智能的研究者们一直致力于研究使机器具备人工智能的方法，这些研究者主要来自计算机科学领域和神经生物学领域。前者主要通过编写计算机程序的方式模仿人类的智能行为，后者主要研究人类大脑皮层的工作原理。伴随着第三次人工智能浪潮的发展，我们可以看到第三次浪潮与前两次浪潮明显不同。由于数据的爆发式增长、CPU 计算能力的大幅提高、硬件的快速迭代和深度学习算法的发展成熟，强大的深度学习算法在计算机视觉、语音识别、自然语言处理等领域均取得了显著的成就。显然，从人工智能的研究进展来看，源自计算机科学领域的研究占据了主流。

随着互联网的发展，全球每天产生的数据量达万亿 GB，为深度学习的发展提供了良好的数据基础。研究者们也积极地为各领域收集和整理相应的数据库，如为计算机视觉研究提供帮助的 ImageNet 数据库。2012 年，吴恩达和杰夫·迪恩利用 1000 台计算机、16000 个芯片搭建了一个深度学习系统，该系统可以自动根据图片中物体的类别将图片进行分类。深度学习在语音识别领域也取得了显著的进展，苹果公司的 Siri、微软公司的小冰、vivo 的小艾和百度的小度都是比较成熟的语音识别技术产品并已投放市场。

随着人工智能的逐渐普及，各大公司纷纷开发与之相关的深度学习和机器学习框架，降低算法模型搭建和训练的门槛。2013 年，应用于人脸识别、图片分类等图像处理技术的 Caffe 框架问世。2015 年，谷歌开源了 TensorFlow 框架，提供了丰富的与深度学习相关的 API，还提供了可用于自然语言处理、计算机视觉等多领域的可视化分析工具 TensorBoard。

从算法模型的不断发展成熟和支撑底层算法技术的深度学习框架的开源，到大型深度学习数据库的建设及硬件设施、云计算服务的逐步完善，人工智能的高速发展为我们揭开了一个新时代的序幕。

1.4　人工神经网络

人工神经网络只是一组数学模型，因为这一组数学模型被用于模拟人类神经系统的架构与功能，所以才被仿生地命名为人工神经网络。早在 1943 年，神经科学家沃伦·麦卡洛克和沃尔特·彼茨就提出了一种假说，构建了人类神经节沿着网状结构传递和处理信息的模型。该假说一方面被用于研究人类的感知原理，另一方面则被计算机科学家们借鉴，将该模型称为人工神经网络。

1958 年，弗兰克·罗森布拉特提出了用于简单模式识别的"感知机"模型，它是一个基于人工神经网络的两层结构模型。但是在 1969 年，人工神经网络的早期奠基人之一马文·闵斯基在《感知机》一书中讨论了人工神经网络难以解决的"异或难题"，这一讨论打消了大多数研究者继续坚持研究人工神经网络的念头。直到 1975 年，"异或难题"才被理论界彻底解决，人工神经网络的发展又回到正轨。但是由于当时的数据规模、硬件设施和服务无法支撑研究者们将网络层数加深后的计算量，所以人工神经网络的进一步研究经历了漫长的等待。

从数学的角度来看，人工神经网络是由一层或多层节点组成的有向图，每一层的节点都通过有向弧指向上一层的节点，每一条有向弧都用一个权值来描述，同一层的节点之间并无连接。输入层的节点按照有向弧的权值进行函数变换，变换后的输出传递给第二层的节点作为输入；第二层的节点如此这般执行同样的操作，其输出再作为第三层的输入。最后在输出层，哪个节点的数值最大，其输入的信号就被划分在哪一类。

而搭建后的人工神经网络需要输入大量的数据进行训练，通过负反馈的方式动态调整人工神经网络中的权重值，使其参数尽可能地逼近真实模型的参数。既然我们希望网络的分类结果尽可能地接近真正的情形，就可以通过比较网络当前的输出值和真实值，再根据两者的差异情况来更新每一层的权重值以降低偏差。如果人工神经网络的预测值偏高，就调整权重值使输出变低；反之，则调整权重值使输出变高。就这样不断地调整，直到偏差小于某个特定的阈值为止，这时我们就认为人工神经网络达到了精确的分类。具体的训练方法则依靠反向传播算法：最开始输入层输入特征向量，通过人工神经网络层层计算获得输出，输出层发现输出和正确的类号不一样，这时它就让最后一层神经元进行参数调整，最后一层神经元不仅自己调整，还会勒令连接它的倒数第二层神经元调整，层层往回倒退调整。经过调整的人工神经网络会在样本上继续测试，如果输出还是老分错类，那就继续来一轮"回退调整"，直到人工神经网络的输出令人满意为止。

网络结构和激活函数的协调性、训练数据的质量和完备性、训练方法的合理性决定了人工神经网络预测结果的准确性。其中，网络结构的类型和激活函数是预先设计的，而训练数据是由外部导入的，训练方法是作为超参数输入的。决定模型好坏的首要因素是网络结构和激活函数，其协调性决定了人工神经网络的输入数据在应用场景中的合理性。此外，训练数据的质量和数据预处理的方法对人工神经网络的输出也有很大的影响。我们将在后面的章节中逐一介绍人工神经网络衍生的几种算法模型。

第二章
Chapter 2
人工智能的现状

引领人工智能产业发展的技术竞赛主要是巨头企业之间的角力。由于人工智能的核心技术和产业资源掌握在巨头企业手里，而巨头企业在产业中的资源和布局是创业公司所无法比拟的，所以这些巨头企业引领着人工智能的发展。

目前，苹果、谷歌、微软、亚马逊、Facebook 都投入了越来越多的资源来抢占人工智能市场，甚至整体转型为人工智能驱动型企业。国内互联网领军者"BAT"（百度、阿里巴巴、腾讯）也将人工智能作为战略重点，凭借自身优势积极布局人工智能领域。

随着政府和产业界的积极推动，中美两国技术竞赛格局初步显现。本章主要对美国、欧洲、中国、日本和韩国的人工智能产业发展情况进行对比和分析。

2.1　美国

　　美国的人工智能研究经历了几十年的创新和突破，单从工业机器人的发展历程就可以看出美国在不同时期对人工智能的不同态度及精力投入。美国工业机器人自诞生以来的发展历程可分为四个时期。第一个时期是二十世纪六七十年代，这一时期的美国工业机器人并未进入实践阶段。1962 年，美国研发出第一个工业机器人，但政府考虑到国内失业率居高不下，唯恐工业机器人的普遍应用会使失业问题更加严重，就没有在这方面做过多投入，工业机器人的发展仅限于部分企业联手大学协同研究。第二个时期是二十世纪七八十年代，相关企业开始转变对工业机器人发展及应用的态度，并加大技术研发。在这个时期，工业机器人的开发主要体现在海洋领域、航空领域和军事领域，政府与军方是工业机器人应用的主导对象。从市场化运营方面来分析，这一阶段美国的工业机器人发展落后于日本的工业机器人发展。第三个时期是二十世纪八九十年代，在这个时期，美国政府进一步认识到工业机器人的重要性，相关部门也开始就工业机器人的应用出台了统一的标准规范，工业机器人的研发及生产水平不断提高，人们对工业机器人的性能有了更高的期待，由此也驱动了美国的工业机器人生产商进行精细化开发，赋予工业机器人更多的感知能力与决策能力，提高其智能化水平。二十世纪九十年代中期以后为第四个时期，美国的工业机器人软件开发及应用超过许多国家。以微软、苹果为代表的科技型企业开始进行工业机器人语音识别技术的深度开发，以Facebook 为代表的互联网企业则更注重图像识别的开发，从而推动美国工业机器人软件的发展。

美国的机器人市场在全世界范围内居于第三位。由于美国比较注重智能化生产，再加上政府对制造业发展的重视，美国的机器人市场规模呈逐年上升趋势。然而，由于机器人的利润空间并不大，对技术的要求也不高，因此，美国的机器人生产厂家并不多，相比之下，大部分相关企业都聚焦于技术的开发与升级。

2016 年 10 月，美国发布了《为人工智能的未来做好准备》和《国家人工智能研究与发展战略计划》，这两份报告详细地阐述了人工智能的发展现状、战略规划、相关影响及具体举措。据此，五角大楼已将人工智能置于维持其主导全球军事大国地位的战略核心。美国的顶尖科技公司也纷纷制定相应的战略方案，积极投入力量用于研发人工智能技术。例如，谷歌推出基于 Android N 系统的 Daydream 平台，该平台分为 VR（虚拟现实）模式、头显（即头戴式显示设备）、控制器标准方案和 VR 应用商店；微软开放能够基于 Windows 10 且提供全息影像框架、交互模型、感知应用程序接口（API）和 Xbox Live 服务的 Windows Holographic 平台，拟将其打造成在个人计算机（PC）行业中具有和 Windows 同等地位的产品；Facebook 成立社交虚拟现实团队，专门开发结合 VR 设备的社交应用。

由于政府的高度重视和联邦研究基金、政府实验室的支持，美国已经处于人工智能领域研究的最前沿。美国前任总统奥巴马提出采取轻干预、重投资的方式在基础和应用领域建立对话机制，等技术更加成熟后政府再深入介入。美国国家科学基金会颁布了《美国机器人技术路线图》，提出在未来 10～15 年实现全尺寸且具有通用自主能力的机器人的应用和解决方案，以及在未来 5 年、10 年和 15 年 3 个阶段中通过持续研发可实现的具体目标。

2.2　欧洲

人工智能已经成为当前全球最热门的投资领域之一，除中国外，美国与欧洲各国的投资较为密集、数量较多，其次为印度、以色列等国。在欧洲各国中，英国的人工智能企业数量（267 家）最多，占全球总数的 4.42%。其中，仅伦敦就存在 223 家人工智能企业，占全球总数的 3.69%。

从计算机之父、人工智能概念雏形的提出者图灵，到将人工智能关注度推向新高潮的围棋软件 AlphaGo，都说明了英国在人工智能领域的优势由来已久。

英国帝国理工学院数据科学研究所所长郭毅可在接受记者专访时表示，英国政府非常懂得如何把数据资源社会化。例如，英国政府会把所有收集到的城市信息都公开，免费提供给所有的初创公司，初创公司基于这些数据资源可以进行很多的创新。与此同时，伦敦、牛津、剑桥三地共吸引了约四分之三的欧美基金在此设立分支，目前在伦敦工作的研发人员达 42 万人。英中贸易协会技术主任马克·海德利在接受记者采访时表示："我认为英国企业可以向微信、支付宝等平台学习如何更好地向消费者提供服务。"与此同时，英国在金融监管方面由于其成熟的监管体系而具有传统优势。

金融科技的迅速发展引发了金融风险与技术风险的叠加，进而导致人们对于系统性风险的担忧。在推动产业技术快速发展的同时，英国政府及科技创新型公司也意识到监管科技的重要性。目前业内普遍认为，随人工智能发展而生的监管科技可以实时捕捉市场动态并进行复杂的计算，更好地识别与防范金融风险和技术风险，提高企业的风控能力。预计 2020 年，全球对监管、合规等方面的金融科技需求将达到 1187 亿美元。在金融领域应用人工智能技术所创造的产品价值应首先满足风控要求，所以未来监管科技很可能成为金融科技领域的"新蓝海"。

但是从人工智能的应用范围来说，欧洲的发展受到一些来自内部及外部因素的挑战。内部挑战在于公司和公共部门对人工智能技术的应用需要建立一个适应未来技术发展的灵活监管框架，并尊重关键的根本原则，包括社会和制度原则，如捍卫民主、保护弱势群体（如儿童）及隐私，同时还包括经济原则，如促进创新和竞争。整个欧洲大陆的公司采用数字技术的进度缓慢，2017 年，全球数据仅有 4%存储在欧盟，而且仅有 25%的大企业和 10%的中小企业使用大数据分析软件。在大多数欧洲国家中，数据科学家的人数占总就业人数不到 1%。大公司能够采用人工智能技术来改进自身系统，但小公司需要面对重重困难，如缺乏技术人才、面临高昂的投资和难以预估的经济回报等。对于以数据为根本的人工智能来说，没有数据的验证，算法不经过落地的挑战都是不成熟的。不过，欧洲有潜力在物联网与人工智能领域取得领先优势，只是当下这些领域仍处于模拟运作中。再次错失数字化发展，会使欧洲的公司在竞争中处于劣势，长期来看也会对经济、税收和就业产生重大影响。通过建立机器互联系统并采用人工智能技术，欧洲的公司将获得"人工智能倍增"效应，不仅使其变得更加高效，而且还能捕获和分析大量机器生成的数据作为运营的副产品。

外部挑战在于人工智能在世界各地的发展速度不均衡，一些地域会拥有结构优势。例如，硅谷具有独特的经济结构，能支持具有强大商业应用的颠覆性创新。再如，有数据显示，93%的中国用户愿意与汽车制造商共享位置数据，中国更有可能成为汽车数据革命的"热土"。如果中国的公司能够实施更先进的人工智能技术并做好数据挖掘，中国将成为有力的竞争者。中国在人工智能领域的研究也反映在学术界，目前中国的研究人员较美国或欧洲同行发表了更多关于深度学习的学术文章。虽然欧洲的科研基础比较强大，但长期以来无法将有前途的发明转化为真正的创新，因而缺乏全球性的大型数字公司。

在专利提交和投资方面，欧洲也落后于美国和中国。2016年，外部投资者将 9 亿～13 亿欧元投入欧洲公司，但他们在亚洲投资了 12 亿～20 亿欧元，在北美投资了 40 亿～64 亿欧元，同时欧洲公司的内部投资也很低。尽管一些欧洲的人工智能公司在开发新的人工智能技术（如 DeepMind、Skype 等）方面表现良好，但往往在后期被非欧洲的公司收购。欧洲有时会成为人工智能公司的"孵化器"，却无法建立起大规模和国际化的科技公司，而其他科技公司却借机在欧洲兴建人工智能中心。

为了应对上述挑战，欧洲需要一个全面的涵盖商业和公共管理的战略部署，除了为人工智能的发展创设有利环境，还必须基于广泛认可的价值观和原则来建立全球的监管规范和框架，以保证人工智能的发展以人为本。

2.3 中国

中国人工智能的市场规模增速高于全球增速。2015 年，中国的人工智能市场规模为 12 亿元，其中，语音识别占 60%，计算机视觉占 12.5%，其他占 27.5%。在只考虑语音识别、计算机视觉，不考虑硬件产品销售收入、信息搜索、资讯分发、精准广告推送等的情况下，英国广播公司（BBC）预计全球人工智能的总体市场规模在 2020 年达到 1190 亿元，预测中国的人工智能市场规模在 2020 年达到 91 亿元。

从上述数据中可以看出，中国的人工智能发展迅猛，并且从企业的角度或国家的角度都做了长远的规划。要想长久、有效地发展人工智能技术，硬件设施就要够"硬"。人工智能技术依托大数据而成长，而处理海量的数据则需要解决高性能计算的难题。深度学习算法通过构建含有多层隐含层的人工神经网络和海量的数据来对模型进行训练，去学习更有用的特征，最终提升预测和分类的准确性，使最后训练得到的模型参数接近真实数据，达到预测的效果。深度学习需要进行大量的并行计算，而传统的中央处理器（CPU）往往需要数百甚至成千上万条指令才能完成一个神经单元的处理，无法支撑深度学习中大规模数据的并行计算，因此，深度学习需要新的芯片来对大规模的并行计算进行加速。目前，常用的加速深度学习并行计算的人工智能芯片有图形处理器（GPU）、现场可编程门阵列（FPGA）、专用集成电路（ASIC）和处于理论阶段的类脑芯片。深度学习的训练需要强大的计算能力做支撑。人工智能因其自身神经网络模型结构的复杂性，以及训练深度神经网络需要大量的高阶统计数据，对于计算能力的需求非常大。与李世石对弈的谷歌 AlphaGo 有 1920 个 CPU 加 280 个 GPU，而这只是比赛时执行深度学习算法的计算机系统。训练该深度学习算法的计算机网络规模至少要提高一个数量级，而提供该训练计算能力的计算机网络才是 AlphaGo 持续进化的原动力。

未来人工智能芯片的应用大体有两个方向。其一是用于云端服务器的芯片，为满足云端的高运算需求，芯片预计将以 CPU/GPU 搭配为主，其主要特点是高功耗、高计算能力及通用性。云端人工智能运算对于具体应用场景的要求较少，通用芯片即可满足要求。其二是用于终端（如手机及其他智能硬件）的人工智能芯片，由于终端运算空间有限，所以对于芯片的要求主要是低功耗的同时又针对不同场景有所区分，因此，定制及半定制化的 FPGA、ASIC 及类脑芯片有望成为研究的主流方向。CPU/GPU 并行在人工智能云端中被广泛运用。计算能力的限制曾经是人工智能研究跌入低谷的原因，但随着摩尔定律的发展，计算能力逐步得到解放。CPU 的性能飞速提升，最初被用来训练深度学习，但不久发现拥有出色的浮点计算性能的 GPU 更适合用来做深度学习的训练。GPU 提高了深度学习的两大关键活动——分类和卷积的性能，同时又达到了所需的精准度，相对于传统的 CPU，GPU 拥有更快的处理速度、更少的服务器投入和更低的功耗。在文本处理、语音和图像识别上，CPU/GPU 并行不仅被 Google、Facebook、百度、微软等巨头公司采用，也成为猿题库、旷视科技这类初创公司训练人工智能深度神经网络的选择。

除了软件算法模型、硬件底层基础设施建设，各大公司也看准了智能硬件这个待开发的领域。智能硬件基于人工智能的算法模型对传统硬件设备进行优化改造封装，进而使其具有智能化的操作功能。智能硬件通过蓝牙或者 Wi-Fi 实现设备互联，用户可以通过手机等其他移动设备进行操控，甚至可以进行语音对话，让智能硬件自己完成相应的命令操作。硬件智能化之后实现了互联网服务的加载，具备了大数据等附加价值。智能硬件已经从可穿戴设备延伸到智能电视、智能家居、智能汽车、医疗健康、智能玩具、机器人等领域，比较典型的智能硬件包括 Google Glass、小度音箱、Fitbit、麦开水杯、小米手环等。对于整个人工智能产业而言，智能硬件的功能除了打开 C 端消费市场之外，更为重要的是通过智能硬件及加载的软件抢占 C 端入口，从而进行终端数据的采集，为后续算法的完善及商业模式的推进奠定良好的基础。

下面介绍国内人工智能各个领域的发展情况。

2.3.1　机器人领域的现状

机器人按照应用领域的不同可分为工业机器人、服务机器人、特种机器人。我国工业机器人的研发起步于二十世纪八十年代后期，已经在全国范围内建立了 7 个机器人科研基地及 9 个机器人产业化基地，在我国政府部门发布的高档数控机床与基础制造装备专项中增加了 7 个机器人项目。从整体上看，与日本、德国等机器人强国相比，中国的机器人产业仍处于初级发展阶段。

如今，在政府支持创新创业政策的引导下，国内机器人产业得以迅速发展，很多公司独立进行研发或者联手科研机构合作研发。我国的机器人产业已经实现了初级规模化生产，且正在进行产业升级。当前，长三角地区、珠三角地区、环渤海地区及部分中西部地区成为国内机器人发展的主要区域。

长三角地区的电子产业发达且拥有坚实的技术基础，机器人产业起步以后凭借着这种天然的优势发展迅猛，当地机器人产业的发展抢占了先机，竞争力强。长三角地区的机器人产业主要位于上海、南京及苏杭等地，注重引进国外科技，在工业机器人方面有先进的技术成果。例如，安川、库卡等国外的知名企业在上海建有分厂，国内的很多企业也在上海开设了分公司。在科研方面，长三角地区有一大批富有实力的科研机构，如上海交通大学生命科学技术学院等。

　　珠三角地区的机器化生产偏向于控制系统的应用，以广州数控设备有限公司（以下简称广州数控）为代表的南方智能化企业，注重控制系统的开发和生产，在机床数控方面有着明显的优势，是我国机床数控产业的知名供应基地。广州数控的数控系统连续 13 年蝉联国内销量冠军，销售规模占据国内该行业总销量的一半。广州数控、广州瑞松科技有限公司是珠三角地区的知名机器人企业，广州机械科学研究院则是珠三角地区的代表性科研机构。沿海地区经济发展水平高、工业发达，对工业机器人的需求量较大，全国一半以上的工业机器人使用分布在上海、江苏、广州等地，珠三角地区对机器人的需求量也非常高。

　　环渤海地区涵盖了北京、哈尔滨及沈阳等地，该区域内科研机构林立，培养了大批专业人才，在科研方面有着不菲的成绩，科研单位有北航、哈工大、中科院等。哈工大机器人集团是环渤海地区机器人企业的典型代表，该公司经过长期的发展积累了丰富的经验，拥有强大的实力，对整个行业的发展起着重要作用。

　　由于传感器、人工智能、大数据、物联网等技术的运用，机器人产业中涌现出新的制造模式和商业模式——服务机器人。相较于工业机器人，服务机器人与个人、家庭生活的联系更为紧密，2015—2018年，个人及家庭用服务机器人全球销量达到 2590 万台，市场规模达到 122 亿美元。目前，我国服务机器人需求领域包括养老、监护等社会需求，国防、公共安全、救援抢险、科学考察等国家重大需求，智能家居、教育、保洁等个人及家庭消费需求。服务机器人的重点在于服务，包括基于特殊场景应用的服务及人工智能的建设。我国在助老助残、公共教育、家庭服务、智慧城市、医疗康复、信用安全、救援救灾、能源安全、公共安全等科学研究领域，为满足智慧生活、智慧服务、智能作业等方面的需求，将重点发展消防救援机器人、手术机器人、智能型公共服务机器人、智能护理机器人 4 种标志性产品，着力打造系列化的专业服务机器人和商品化的个人及家庭服务机器人，这一目标的实现需要重点突破人机协同与安全、产品创意与性能优化设计、模块化/标准化体系结构设计、信息技术融合、影像定位与导航、生肌电感知与融合等关键技术。

2.3.2　图像识别领域的现状

计算机视觉领域主要包括图片/视频识别与分析、人像与物体识别、生物特征识别、手势识别、体感识别和环境识别。提升计算机视觉的识别效果是通过引入卷积操作，将深度模型的处理对象从之前的小尺度图像扩展到大尺度图像。由此研究者们提出了卷积深度信念网络（CDBN，Convolutional Deep Belief Networks），通过可视化每层学习到的特征，演示低层特征不断被复合生成高层抽象特征的过程。通过深度学习建立单元之间的高阶相关模型，用基于模型的能量函数中隐单元和可见单元来得到更高的模型表示能力，即可对复杂层次结构的数据进行建模。深度结构模型从数据中学习多层次的特征表示，来模仿人类大脑的基本结构和处理感知信息的方式，它包含一系列连续的多阶段处理过程，首先检测边缘信息，然后检测基本的形状信息，依次递进，逐渐地上升为检测更复杂的视觉目标信息。

深度学习研究的初衷主要就是应用于图像识别。迄今为止，尽管深度学习已经被应用到语音识别、图像识别、文字识别等方面，但深度学习领域发表的论文中约 70%是关于图像识别的。从 2012 年的 ImageNet 竞赛开始，深度学习在图像识别领域发挥出较大潜力，在通用图像分类、图像检测、光学字符识别（OCR）、人脸识别等领域中，最好的系统都是基于深度学习开发的。

生物识别技术是图像识别技术的一个重要分支，其市场规模不断增大，是未来 5 年内极具发展潜力的市场。预计 2020 年全球生物识别技术的市场规模将达到 250 亿美元。

2.3.3　医疗领域的现状

精准的图像识别与庞大的医疗影像数据为医疗影像智能化奠定了基础。目前，医疗数据中有超过 90% 来自医疗影像，这些数据大多要进行人工分析，如果能够运用算法自动分析影像，再将影像与其他病例的记录进行对比，就能极大地降低医学误诊，帮助医生做出准确的诊断。医疗影像智能分析是指运用人工智能技术识别及分析医疗影像，帮助医生定位病症和分析病情，辅助做出诊断。人工智能与医疗影像的结合最关键有三点：一是数据，二是算法，三是临床的证明，其中数据与算法是基础。在数据方面，我国 X 光设备的保有量超过 3 万台，CT 设备的保有量超过 2 万台，基层医院已大部分配备了直接数字化（DR）设备。图像识别是深度学习等人工智能技术最先突破的领域，已经广泛用于图片搜索、自动驾驶、人脸识别。在医疗健康领域，由于数据与算法基础已经具备，医疗影像有望成为人工智能与医疗结合中最先发展起来的领域。

除了医疗影像，人工智能还用于医疗诊断。医疗诊断领域最重要的是药品、病情特征、病人情况数据信息。对于机器训练而言，需要海量的数据信息才能让机器拥有医疗诊断的能力。辅助诊断领域的代表是 IBM 沃森（Watson）系统。截至 2015 年 5 月，Watson 系统已收录了肿瘤学研究领域的 42 种医学期刊、临床试验的 60 多万条医疗证据和 200 万页文本资料。之后，IBM 公司的沃森健康部门又陆续与数家医院、诊所、肿瘤研究中心、连锁药品零售商展开了深度合作。通过 Watson 系统可帮助护士快速完成复杂的病历检索，审查医疗服务提供者的医疗请求，为癌症患者诊断配药，为医药专家提供更多的疾病考量因素等。

2.3.4 语音识别领域的现状

在过去 200 年的时间里，基本的人机交互形式不断进化；在过去的 75 年当中几乎每隔 10 年，交互方式就有一个大的创新，如今语音识别已成为人机交互的新方式。语音技术逐步通用化和基础化，预计未来将对大众免费开放。例如，百度在 2017 年 11 月 30 日宣布其语音技术全系列接口永久免费开放，包括语音识别、语音合成、语音唤醒多平台的软件开发工具包（SDK）。通用算法技术成为免费平台的趋势已经呈现，语音识别领域需要商业模式的创新，如何将技术转换成产品、流量及数据等才是真正实现盈利的关键。

技术的进步与市场的需求推动语音识别快速发展。狭义的语音识别就是让机器能够明白你说的是什么，广义的语音识别是机器不仅能理解语音含义，而且能把语音转化为文字、另一种语言或者命令。语音识别能够在社交娱乐、搜索、虚拟机器人中大规模应用主要得益于以下两个原因：其一是技术的进步，语音识别算法模型的改进及训练效果的提升使得语音识别错误率不断降低；其二是市场的需求，个人消费层面的社交娱乐需求催生行业热情，语音识别作为重要的人机交互方式其应用场景广阔。

从 2009 年开始，尽管将深度神经网络用于语音识别的研究困难重重，但是研究者们还是取得了极大的进展。这让人们看到了深度学习算法在语音识别领域应用的曙光，重新点燃了对语音识别研究的热情，因此，语音识别的效果不断提升，国内的语音识别与合成技术已领先国际水平。2010 年，深度卷积神经网络（DCNN）使语音识别的错误率降低了 20%，2011 年，微软用 DCNN 对语音识别原有技术框架进行重构，2012 年又公开演示了其全自动同声传译系统。我国科大讯飞股份有限公司（以下简称科大讯飞）是语音识别研究的龙头企业，科大讯飞改进了循环神经网络（RNN）模型，使语音识别的效果提升了 40%。科大讯飞于 2016 年在国际重要比赛 CHiME 中包揽 3 项冠军，并在 2017 年的语音合成大赛中获得第一名。

截至 2017 年第三季度，科大讯飞自身的开放平台累计终端数增长了 87% 达到 15.9 亿个，第三方创业团队增长 123% 达到 45 万个，日均使用次数增长 56% 达到 40 亿次。开放平台的大数据广告业务继续保持快速增长，前三季度收入同比增长 241%。从国际大型互联网企业的角度看，2017 年 3 月，谷歌和亚马逊先后宣布旗下的语音识别技术对大众开放。国内企业腾讯和阿里巴巴在早前先后开放其语音平台。目前，科大讯飞的主要精力已经逐步转移到对接教育、法律、医疗、汽车等行业客户。阿里巴巴目前已经在智能电视、智能汽车、智能法庭、智能客服等领域应用其语音技术进行行业的深度下沉。

2.3.5　自动驾驶领域的现状

我国自动驾驶领域的研发相对滞后，自二十世纪九十年代起，国内各高校和研究机构陆续开展自动驾驶的研发工作，推出多个测试车型。2009 年以来，国家自然科学基金委员会举办的中国智能车未来挑战赛吸引了众多高校和研究机构参与，成为国内智能车发展的里程碑。2015 年，国务院发布并实施智能制造战略，将无人驾驶作为汽车产业未来转型升级的重要方向之一。

自动驾驶作为新兴科技正被频频讨论和研究，但在术语上存在混乱不清的情况。我们主要参考了美国高速公路安全管理局（NHTSA）

和国际汽车工程师学会（SAE）的标准划分文件，以及国内依据 SAE 分级形成的智能网联汽车智能化等级标准，并顾及国内行业对术语使用习惯的规范，对自动驾驶这一概念做出解释。需要注意的是，NHTSA 更多是从法律层面给技术设置门槛，而 SAE 更注重技术层面的信息描述和传达。国内的官方机构在二者兼顾的同时更关注目前业界通用的 SAE 标准。

自动驾驶的掌控权主要在于算法。自动驾驶是一个宽泛的概念，涵盖高级驾驶辅助系统（ADAS，Advanced Driving Assistance System）和无人驾驶。应用高级驾驶辅助系统的驾驶人可以对汽车进行控制，其智能体现在对环境的智能感知并适时预警（如车道偏离预警）。无人驾驶是自动驾驶发展的高级阶段，除了对环境的智能感知，还加入了规划、决策和控制。在高级驾驶辅助系统中最终的决策和控制权掌握在驾驶人手中，而无人驾驶对汽车的决策和控制权则由计算机掌握。

智能感知系统和智能控制系统是自动驾驶产业链的核心环节。自动驾驶汽车主要依靠车内以计算机系统为主的智能驾驶仪来实现自动驾驶，主要包括智能感知系统和智能控制系统。智能感知系统包括环境感知、速度感知等。智能控制系统主要包括自动泊车、自动刹车、智能巡航等。自动驾驶涉及的硬件核心是传感器，传感器包括激光测距仪、摄像头等。自动驾驶的软件核心是高精度地图，自动驾驶汽车需要将实时感知到的数据与地图数据比较，以此来识别周边环境。

目前，互联网公司与传统汽车生产商引领着智能驾驶的发展方向。参与自动驾驶领域研究的企业可以分为两类：一类是互联网公司（如百度、谷歌），一步到位直接切入全自动驾驶；另一类是传统的汽车生产商，从辅助驾驶一步步升级。随着 CPU/GPU 并行计算能力的提升，海量地图数据为人工智能的训练提供基础，加之高速网络、云计算的结合，汽车智能化已经进入了实质性阶段。

2.3.6　安防领域的现状

视频监控系统自诞生之日起，经历了持续不断的优化和迭代。视频监控系统的发展大致经历了 3 个阶段。第一阶段始自二十世纪八十年代，主要采用模拟的方式实现视频监控的功能，录制的视频在同轴电缆中进行信号的传输，之后在控制主机的监控下进行模拟信号的显示。第二阶段始自二十一世纪初，视频监控实现了远距离视频联网，但仍没有完全实现数字化，视频以模拟的方式通过同轴电缆进行信号传输，在多媒体控制主机及硬盘刻录主机中进行数据处理和储存。该阶段的视频质量虽然相对第一阶段有所提高，但还是不能够满足人们的需求，安防和监控领域的分析和管理仍然是个难题。第三阶段始自 2006 年，随着数字技术与网络技术的发展，安防领域的视频技术也进入了高清化与网络化阶段，具体体现为前端高清化、传输网络化、处理数字化和系统集成化。

面对庞大而复杂的城市系统，公安部门要做到信息的实时发布、监控、分析和智能化管理，以确保整个系统的决策和命令能够稳妥迅速地传达、执行并得到反馈，高度集成的可视化终端是必不可少的。装载在城市各个角落的视频监控系统承担了城市管理系统的职责，成为"智慧安防"的核心部件，也成为"智慧城市"的重要组成部分。

然而，当前安防系统的有效运转受到了较大的挑战，主要是每日产生的海量视频监控数据与有限的人工分析能力之间的矛盾。根据博思数据研究中心的调查数据，截至 2016 年，中国前端摄像头出货量已达到 4338 万台，预计 2020 年的出货量会达到 5422 万台。这意味着中国每日视频监控录像达千万亿字节（PB），而过去累积的历史数据更多，并且 99% 以上的视频监控数据都是非结构化数据。利用"人海战术"进行视频检索和分析的方式，不仅需要消耗大量的人力，而且效果不佳。英国市场研究机构 IMS Research 的一项实验表明，盯着视频画面仅仅 22 分钟之后，人眼将对视频画面里 95%以上的活动信息视而不见。面临以上种种问题，对视频监控系统进行优化和升级成为安防领域的刚性需求。

2.4 日本和韩国

2018 年上半年，日本和韩国相继发布了人工智能国家战略，加快完善人工智能发展的顶层设计。2018 年 4 月，日本发布了第 5 版《下一代人工智能/机器人核心技术开发计划》；同年 5 月，韩国发布了《人工智能研发战略》。以下重点梳理日本和韩国在人工智能发展理念中的相同点及其各自发展的侧重点。

日本和韩国高度重视人工智能发展的经济效应和社会效应。日本提出在全世界率先建成"超智能社会"的宏伟愿景，其基础性技术是以人工智能、大数据、物联网等为代表的信息通信技术（ICT）。韩国的信息通信技术，不论在技术研发还是在产业化应用与推广方面都走在世界前列，韩国以 ICT 产业作为出口主导产业引领国家整体经济的增长，并确立了智能终端、半导体等领域的国际竞争力。日本是机器人超级大国，在过去 30 多年里，日本拥有世界上数量最多的机器人用户、机器人设备生产商和服务提供商。在工业机器人制造领域，发那科、安川电机和川崎重工等企业在全球拥有 50%的市场份额。如今，日本工业机器人在食品、化妆品及药品领域的应用发展尤为突出，相比于其他领域，这 3 个领域在卫生方面设置了较高门槛，机器人能够通过先进的技术应用满足其发展需求。

现阶段，应用方面的限制在很大程度上阻碍了日本机器人的进一步发展。尽管日本服务机器人的应用拓展迅速，但大部分机器人都无法满足大规模的产品生产需求。举例来说，虽然日本已经推出针对医疗护理及灾难救援的机器人，但在现有技术条件下，很难进行广泛的应用，且国家相关部门并未建立相应的制度规范。

韩国机器人的发展晚于美国机器人的发展，但成长速度却很惊人。进入二十世纪九十年代后，韩国政府开始意识到工业机器人的重要性，并为其发展提供政策支持。韩国在 2004 年开始实施"无所不在的机器人伙伴"项目，进一步推动了韩国工业机器人的发展。

韩国政府于 2008 年出台了《智能机器人开发和普及促进法》，把机器人产业的发展纳入国家的整体发展规划中，促进了专业人才队伍的建设，加速了相关服务平台的落成。此外，韩国在 2012 年出台了《机器人未来战略 2022》，准备拿出 3500 亿韩元用于机器人产业的发展，预计 2022 年机器人产业的总体规模将达到 25 万亿韩元。之后，韩国的相关政府部门又进一步细化了上述战略，于 2013 年出台了《第二次智能机器人行动计划（2014—2018 年）》，计划到 2018 年时实现 20 万亿韩元的机器人国内生产总值，其市场规模在世界范围内的比重达 20%。

韩国的机器人市场在世界范围内居于第四位。2011 年，韩国的机器人市场规模达 2.55 万台，刷新了韩国的历史纪录，到 2014 年，仍然保持 2.47 万台的高水平；与此同时，韩国相关企业的市场份额在世界总体中的比重可达 5%，其产品多为汽车电子零部件。

相比于美国、中国及欧洲各国，日本和韩国的人工智能技术的发展仍然处于落后阶段。2015 年，韩国电子通信研究院对人工智能相关的 13 种技术和 10 个融合产业领域进行了调查研究，结果显示，韩国人工智能技术的总体水平为世界先进水平的 66.3%（最高水平以 100% 计算），与技术先进国家有 4.4 年的差距。日本文部科学省下属的科学技术和学术政策研究所的调查显示，在 2010—2015 年的 6 年间，人工智能领域权威国际会议美国人工智能协会（AAAI）收录的论文中，日本发表的论文占比与中、美两国发表的论文占比有较大差距，其中 2015 年美国、中国和日本的论文发表数量分别为 326 篇（占比为 48.4%）、138 篇（占比为 20.5%）和 20 篇（占比为 3%）。

在人工智能研究大热的形势下，金融科技这个名词也出现在日本媒体中，各大银行也在宣传"利用区块链的金融科技"。在日本的金融科技理念的影响下，美国、英国也开始进行与金融科技有关的研究。例如，英国政府于 2015 年制作的引进金融科技的宣传册中，提到金融科技的关键技术有机器学习和认知运算，数字货币和区块链，大数据解析、最佳化与融合，分散型体系，手机支付和 P2P 软件等。所谓认知运算是基于经验性知识的运算，如同 IBM 的 Watson 系统中所采用的运算。英国和美国最初的金融科技中就出现了机器学习和认知运算，再加上大数据的利用，使人明白与便捷功能相比，金融科技更注重强大的人工智能技术。

包括金融机构在内的日本社会对于对冲基金公司或超高速机器人交易员所知甚少，这也许是以日本为基地的对冲基金公司现在仍然为数极少，或日本对超级对冲基金投资仅限于一小部分投资机构的原因之一。在日本，虽然金融科技和人工智能都是人们热烈讨论的话题，但人工智能和资产管理或资产交易却难以相互联系。

因此，日本和韩国下一代人工智能研发布局的首要任务是开展前沿理论研究，着重发展类脑智能，以及数据驱动型人工智能与知识驱动型人工智能的融合发展。当前，人工智能技术仅限于模式识别、自然语言处理、运动控制等，在复杂情景下的应对能力、泛化能力，以及对数据的深度理解等方面远不及人类大脑。近年来，计算神经科学的发展为类脑智能的研发奠定了基础，下一步类脑智能方向要研发人造视觉中枢、人造运动中枢和人造语言中枢。数据驱动型人工智能技术发展迅速，然而在大多数情况下，只能处理单一种类（如文本、图像、声音等）的静态数据，对多类型动态数据的分析能力尚有待提升。与此同时，知识驱动型人工智能在检索系统、问答系统等领域也蓬勃兴起，但前提是这些知识仍然源自人类的先验知识，并非来自由传感器直接采集到的原始数据。未来应探索数据驱动型人工智能与知识驱动型人工智能的融合发展，直接基于硬件采集到的海量数据实现对现实世界的深度理解，即研发将知识与数据相融合进行学习、理解和规划的技术，进而辅助人类进行推理与决策。

第三章
Chapter 3
人工智能的基石

　　人工智能产业的发展要归功于人工智能算法的发展，这并不是说只有人工智能算法是最重要的，硬件芯片的升级及云计算、大数据技术的发展也为人工智能产业的发展提供了基础保障，但是可以说没有人工智能算法就没有"智能"，这是一切人工智能称为"智能"的基石。

3.1 深度学习

3.1.1 深度学习的诞生

1981 年，两位神经生物学家大卫·胡贝尔（David Hubel）和托尔斯滕·魏泽尔（Torsten Wiesel）连同另一位科学家分享了诺贝尔医学奖，这两位神经生物学家的主要贡献在于"发现了视觉系统的信息处理方式，即可视皮层是分级的"。1958 年，David Hubel 和 Torsten Wiesel 在美国的约翰霍普金斯大学开展了关于瞳孔区域与大脑皮层神经元的对应关系的研究。他们给小猫展示形状和亮度各不相同的物体，并改变每个物体放置的位置与角度。在这一过程中，小猫的瞳孔感受不同类型和不同强度的刺激，小猫的后脑则被插入电极，用来测量神经元的活跃程度。

该实验的目的是验证一个假设：位于后脑皮层的不同视觉神经元与瞳孔感受到的刺激信号之间存在某种相关性。一旦瞳孔受到某种特定的刺激，后脑皮层的某些特定神经元就会活跃。经过长期的试验后，David Hubel 和 Torsten Wiesel 发现了一种特定的神经元细胞——方向选择性细胞（Orientation Selective Cell）。当瞳孔发现了眼前物体的边缘，而且这个边缘指向某个方向时，方向选择性细胞就会活跃。这一发现不仅在生理学上具有里程碑式的意义，而且激发了人们对神经系统的进一步思考，促成了人工智能在 40 年后的突破性发展。

方向选择性细胞提示人们，"神经-中枢-大脑"的工作过程或许是一个不断迭代、不断抽象的过程。人眼处理来自外界的视觉信息遵循的是这样的流程：先提取出目标物的边缘特性，再从边缘特性中提取出目标物的特征，最后将不同的特征组合成相应的整体，进而准确地区分不同的物体。高层特征是低层特征的组合，从低层到高层的过程中，特征变得越来越抽象，语义和意图的表现越来越清晰，存在的歧义越来越少，对目标物的识别也越来越精确。

深度学习在功能上受到了大脑视觉系统中感受视野特征的启发。在深度学习中，利用多个隐藏层模拟该过程。第一个隐藏层学习到的是"边缘"的特征，第二个隐藏层学习到的是由"边缘"组成的"形状"的特征，第三个隐藏层学习到的是由"形状"组成的"图案"的特征，最后一个隐藏层学习到的是由"图案"组成的"目标"的特征。当然，这样的识别思想不仅仅适用于视觉信息的处理，对其他类型的信息也同样适用。

2006 年，加拿大多伦多大学教授、机器学习领域的资深专家辛顿在国际权威学术期刊《科学》上刊文，深度学习就此闪亮登场。辛顿的文章表达了两个主要观点：其一，具备多个隐藏层的人工神经网络（也就是深度学习）具有优异的特征学习能力，习得的特征能够实现对数据更加本质性的刻画，有利于对数据的可视化或分类；其二，深度学习在训练上的难度可以通过"逐层初始化（Layer-wise Pre-training）"来有效克服，逐层初始化则可以通过无监督学习来实现。

3.1.2 深度学习的优势

人工神经网络的本质是通过计算机算法来模仿、简化和抽象人类大脑的若干基本特性。起起落落之后，得益于深度学习的研究，人工神经网络产业如今迎来了第三个高速发展的时期。

深度学习又被称为深度神经网络（Deep Neural Network），其基础是人工神经网络，"深度"则体现在神经网络的层数及每一层的节点数量上。传统的神经网络最多只包含 3 个层次，简单的结构决定了它能够运行的功能相当有限。在此基础上，深度学习采用包含输入层、多个隐藏层和输出层组成的多层网络，这种分层结构是深度学习模仿人类大脑的核心结构特征。

与深度学习相对应的是浅层学习（Shallow Learning）。浅层学习的局限性在于样本数量有限、在计算单元情况下对复杂函数的表示能力有限，以及针对复杂分类问题其泛化能力受到一定制约。深度学习的一个优势是克服了浅层学习的弱点，通过深层非线性网络结构实现复杂函数的逼近和表征输入数据的分布式表示，展现出强大的从少数样本集中学习数据集本质特征的能力。学习特征的过程可以视为特征空间的变换过程，通过特征的逐层变换，将样本在原空间的特征表示变换成一个新空间的特征表示。这样的变换能够有效去除不同特征之间的相关性，从而使分类或预测更加容易。

深度学习的另一个优势是能够从海量数据中进行特征的自动提取。在浅层学习中，依赖先验知识的手工设置特征处于统治地位，在这类特征的设计中只允许出现少量的参数，设计出的特征的不变性与可区分性也远非最佳。深度学习可以从大数据中自动学习特征的表示，其中包含成千上万个参数。手工设计出有效的特征是一个相当漫长的过程。回顾计算机视觉的发展历史，往往需要 5～10 年才能出现一个受到广泛认可的特征，而深度学习可以针对新的应用从训练数据中很快学习得到新的有效的特征表示。

虽然深度学习通过特征的自动提取将人类从手工特征设计中解放出来，但目前在深度神经网络的架构中，网络层数、每层神经元的种类和个数、训练算法参数等超参数可能对学习结果有着决定性的影响。这些超参数的设置和调节，仍然高度依赖人类的经验。自动网络结构学习和超参数调节是深度学习从技术走向科学的必由之路。此外，深度学习从原始自然信号中提取特征并完成任务的过程是个缺乏可解释性的"黑盒子"，类似于哺乳动物的低级认知功能。基于抽象符号和规则的逻辑推理作为人工智能的早期方法，虽然能部分模拟人的高级认知功能，却和现有的神经网络框架不相匹配。如何把深度学习的过程和人类已经积累的大量高度结构化的知识融合，发展出逻辑推理甚至自我意识等人类的高级认知功能，是下一代深度学习的核心理论问题。

3.2 深度学习延伸之语音识别

3.2.1 语音识别技术的框架

语音识别技术将人机对话这一设想变成现实，它是借助机器的识别和理解，将人类的语音信号转换成对应文本的技术。一个完整的语音处理系统包括前端的信号处理、中间的语音/语义识别和对话管理，以及后期的语音合成。总体来说，随着语音识别技术的快速发展，限定条件正在不断地拓宽，同时也对语音处理提出了更高的要求。例如，从小词汇量到大词汇量，再到超大词汇量；从限定语境到弹性语境，再到任意语境；从安静环境到近场环境，再到远场嘈杂环境；从朗读环境到口语环境，再到任意对话环境；从单语种到多语种，再到多语种混杂。

长期以来，语音识别系统在对每个建模单元的统计概率模型进行描述时，大多采用高斯混合模型（GMM），这种模型适合海量数据训练，所以它在语音识别应用中居于垄断性地位。不过，GMM 本质上是一种浅层网络建模，对特征的状态空间分布不能充分描述。其特征维度一般也就几十维，对特征之间的相关性也不能进行充分描述。因而，GMM 建模是一种概率建模，其能力有限。

2011 年，微软公司在识别系统研究方面取得阶段性的成果，这种基于深度神经网络的成果，彻底改变了语音识别原有的技术框架。

语音的前端处理涵盖的几个模块包括说话人声检测模块、回声消除模块、唤醒词识别模块、麦克风阵列处理模块、语音增强模块等。说话人声检测模块可以有效地检测说话人声开始和结束的时刻并区分说话人声与背景声。回声消除模块的作用是当音箱在播放音乐时，消除来自扬声器的音乐干扰，不暂停音乐而进行有效的语音识别。唤醒词识别模块是人类与机器交流的触发方式，就像日常生活中需要与其他人说话时，你会先喊一下那个人的名字。麦克风阵列处理模块可以对声源进行定位，增强说话人方向的信号，同时抑制其他方向的噪声信号。语音增强模块可以进一步增强说话人的语音，进一步抑制环境噪声，有效降低远场语音的衰减。除了手持设备场景属于近场环境，其他许多场景（如车载、智能家居等）都是远场环境。在远场环境中，声音传达到麦克风时会衰减得非常厉害，导致一些在近场环境中不值一提的问题被显著放大。这就需要前端处理技术能够克服噪声、混响、回声等问题，较好地实现远场拾音；同时，也需要更多远场环境下的训练数据对模型进行持续优化，提升远场拾音的效果。

通过深度神经网络，特征之间的相关性得到了充分的利用和描述，连续多帧的语音特征合并在一起后形成了一个高维特征。由此，深度神经网络就得以采用高维特征训练来模拟，最终形成较为理想的适合模式分类的特征。在线上服务时，深度神经网络的建模技术能够和传统的语音识别技术进行无缝对接，大幅提升了语音识别系统的识别率。在线下服务的实际解码过程中，仍采用传统的隐马尔可夫模型（HMM）、传统的统计语言模型和传统的动态加权有限状态转换机（WFST）解码器。在声学模型的输出分布计算时，完全用神经网络的输出后验概率乘以一个先验概率来代替传统 HMM 中的 GMM 的输出似然概率。这样的语音识别系统的误识别率与传统的 GMM 语音识别系统的误识别率相比，下降了 25%。

语音识别的过程需要经历特征提取、模型自适应、声学模型、语言模型、动态解码等多个过程。除了前面提到的远场识别问题，还有许多前沿研究集中于解决"鸡尾酒会问题"。"鸡尾酒会问题"显示的是人类的一种听觉能力，能在多人场景的语音/噪声混合中，追踪并识别至少一个声音，即便在嘈杂环境下也不会影响正常交流。这种能力主要体现在以下两种场景中。一是人们将注意力集中在某个声音上时。例如，在鸡尾酒会上与朋友交谈时，即使周围环境非常嘈杂，其音量甚至超过了朋友的声音，我们也能清晰地听到朋友说的内容；二是人们的听觉器官突然受到某个刺激的时候，如远处突然有人喊了自己的名字或者在非母语环境下突然听到母语，即使声音出现在远处、音量很小，我们的耳朵也能立刻捕捉到。而机器就缺乏这种能力，虽然当前的语音技术在识别一个人所讲的内容时能够体现出较高的精度，但当说话人数为两人或两人以上时，识别精度就会大打折扣。如果用技术的语言来描述，问题的本质其实是在给定多人混合语音信号的情况下，从中分离出特定说话人的信号和其他噪声是较为简单的任务，而同时分离出说话的每个人的独立语音信号则是较为复杂的任务。针对这些任务，研究者已经提出了一些方案，但还需要更多训练数据的积累和训练过程的打磨，逐渐取得突破，最终解决"鸡尾酒会问题"。

3.2.2　语音识别技术的突破

在一些限制条件下，机器确实具备一定的"听说"能力。因此，在一些具体的场景中（如语音搜索、语音翻译、机器朗读等），语音识别技术确实有用武之地，但真正做到像正常人类一样与其他人流畅沟通、自由交流还有待时日。

基于深度神经网络的语音识别技术得到了广泛的应用。语音导航、语音拍照、语音拨号、语音唤醒等功能已经成为各智能终端上最普遍的应用。另外，智能语音操控也由聊天应用发展成了能帮助用户解决实际问题的功能性应用。现在，几乎所有的主流智能手机都带有一定程度的语音功能。例如，苹果公司的 iOS 手机有 Siri，谷歌公司的 Android 手机有 Google Now，微软公司的 Windows 手机有 Cortana 等。智能语音正在走向成熟，智能语音控制成为行业发展的一大特色。

技术和理念上的突破让人机交互变得越来越频繁，人类对智能设备的依赖也越来越强。随着智能设备研发的深入，在其功能和性能不断提升的同时，人类操控设备的方式变得复杂起来。有时候，智能设备需要专业人士操控，一般人会感到无所适从。怎样改变现状让人工操控智能设备变得简单、方便起来呢？如果让语音成为主流的交互手段，就能让人们针对智能设备的操作变得简单化，从而节省人机互动的时间。

最能体会到语音识别技术给生活带来方便的是老年人、低龄儿童和残障人士。例如，老年人视力下降、动作不灵活，低龄儿童一时还不具备手写能力，而失明人士无法通过视觉识别事物等，他们都可以通过语音交互给生活带来方便。

另外，通过语音识别技术还能让人机交互以人类熟悉和习惯的方式进行。这种优势和价值一旦被充分挖掘并发挥出来，必将对即时通信、购物和搜索等垂直应用产生巨大的影响。目前，将语音交互技术应用于搜索引擎、浏览器等应用的入口，已成为产业巨头们纷纷投入资源进行研发的重要内容。

3.3　深度学习延伸之计算机视觉

人们最初借助图像识别技术是用来满足娱乐的需求。例如，一些App 利用图像识别技术让用户找到与他们长相相似的明星。在这个阶段，图像识别技术对人类视觉起到了辅助和增强的作用。图像识别技术在经历了工具化、娱乐化的阶段后，开始向更高的阶段发展，其目标就是使机器具有与人类相似的分析、理解和处理等能力。

计算机视觉的研究方向按技术难度的从易到难、商业化程度的从高到低排序，依次是图像处理、图像识别、图像理解。图像处理是指不涉及高层语义，仅针对底层像素的处理；图像识别则包含了语音信息的简单探索；图像理解进一步包含了更加丰富、广泛、深层次的语义探索。目前，在图像处理和图像识别层面机器的表现已经令人满意，但在图像理解层面的计算机视觉还有许多值得研究的地方。

在小规模图像识别上，美国有线电视新闻网（CNN）取得了当时最好的效果。但是，在大规模图像识别上，CNN 取得的效果一直不佳，如对像素很多的图片内容的理解不理想。直到 2012 年，图像识别技术取得了大踏步前进，这主要得益于算法的提升。

计算能力的提升和海量的训练数据让深度学习的模型成功应用

于一般图像的识别和理解，不仅极大地提升了图像识别的准确性，而且避免了抽取人工特征的时间消耗，还提高了在线计算效率。因此，深度学习方法成为图像识别的主流方法。

从应用层面来说，图像比文字更生动、有趣、易于理解、具有艺术感，还能存储更多的信息。计算机视觉已经达到了用于娱乐和工具的初级阶段。照片自动分类、以图搜图、图像描述生成等功能都可作为人类视觉的辅助工具。人类不再需要靠肉眼捕捉信息、大脑处理信息，而是可以由机器来捕捉、处理和分析，再将结果返给人类。展望未来，计算机视觉有望进入自主理解甚至分析决策的高级阶段，真正赋予机器"看"的能力，从而在智能家居、无人汽车等应用场景中发挥更大的价值。

从技术层面来说，图像识别的过程包括图像预处理、图像分割、特征提取和判断匹配等。图像识别是基于深度学习的"端到端"方案，可以用来处理分类问题、定位问题、检测问题、分割问题等，其典型任务包括去噪声、去模糊、超分辨率处理、滤镜处理等。图像识别技术在视频上的应用主要是对视频进行滤镜处理，在图像方面的应用包括人脸识别、光学字符识别（OCR）等。随着实际需要，人们对不断突破新的图像识别技术的需求变得格外迫切。例如，在互联网领域，当信息为文字时，人们可以通过搜索轻易地找到所需的内容，还可进行任意编辑；但当信息为图片时，就无法做到对图片内容进行检索，这就降低了信息探索的效率。这时，图像识别技术就显得特别重要。

传统的人脸识别算法，即使综合考虑颜色、形状、纹理等特征，也只能达到95%左右的准确率。而有了深度学习的加持，人脸识别的准确率可以达到99.5%，从而使人脸识别在金融、安防等领域的广泛商业化应用成为可能。在 OCR 领域，传统的识别方法首先要经过清晰度判断、直方图均衡、灰度化、倾斜矫正、字符切割等多项预处理工作，得到清晰且端正的字符图像后，再对文字进行识别和输出。而深度学习的出现不仅省去了复杂且耗时的预处理和后处理工作，更将字符识别的准确率从60%提高到90%以上。

Facebook公司在Messenger应用上推出了一项新功能，通过扫描手机相册照片来进行面部识别，这项功能的特别之处在于即使是遮住了脸部，也一样能识别被遮住的部分。Facebook公司的最终目标是在任何场景下识别出任何人，甚至是在光线不清晰的情况下。

图像理解的本质是图像与文本的交互，它可以用来执行基于文本的图像搜索、图像描述生成、图像问答（给定图像和问题，输出答案）等。在传统的方法下，基于文本的图像搜索是针对文本搜索返回相应的图像；图像描述生成是根据从图像中识别出的物体，基于规则模板产生描述文本；图像问答是分别从图像与文本中获取数字化表示，然后分类得到答案。而有了深度学习，就可以直接在图像与文本之间建立"端到端"的模型，提升图像理解的效果。

2015年5月，谷歌公司推出了谷歌相册（Google Photos），人们称该产品为"人工智能和图片搜索结合后所产生的具有强大功能的产品"。谷歌相册如果要搜寻一个人，可以搜寻到该人从婴儿时期以来的照片；而在搜寻某个品种时，则能找到该品种所对应的照片。图像理解任务目前还没有取得非常成熟的结果，其商业化场景也正在探索之中。

随着计算机视觉技术的不断发展，拥有像人类一样的视觉并能够理解照片的人工智能产品将无处不在。

3.4　深度学习延伸之模式识别

3.4.1　模式识别简介

20 世纪 50 年代末，出现了一种叫作"感知器"的数学模型，它可以用来模拟人类大脑进行识别。借助感知器对识别系统进行训练，可以让识别系统具有将未知类别的模式进行正确区分和归类的能力。1957 年，用统计决策理论的方法来求解模式识别，促进了模式识别研究工作的发展。通过计算机实现人工智能的最初路径就是模式识别（Pattern Recognition）。模式识别的黄金时代出现在 20 世纪 80 年代，它强调的是如何让计算机程序去做一些看起来很智能的事情，就像是有个人躲在盒子里伪装成机器的样子。模式识别的主要作用在于发现、区分、检测或提取存在于我们周围世界中的模式，这取决于怎么从观察数据中进行信息的提取和表示，并结合背景知识最终得到新知识和概念的形式化内容。学习的结果是得到一个用于表示模式之间相互依赖的形式化知识，以此更好地理解与解释所观察的数据。当模式的概念被形式化后，它就可以被应用于相同的领域中。例如，对一个新用例进行标识且对于新用例的处理应当遵从与原来用例的相同的演绎过程，此时就可以应用模式识别的人工神经网络方法。

模式识别还与统计学、语言学和控制论等学科有关系，在人工智能领域中的图像处理和自然语言理解方面就包含模式识别问题。

所谓模式的概念，来自人类大脑的思维能力。人类在观察外界事物或现象时就会展开思维，对所观察到的事物或现象进行分类。如人类对字符的识别，一旦人类认识某个文字，尽管这个文字出现了不同的写法，即使以前从未见过，人类的大脑都会将它们归为同一类。这说明只要认识有限数量的事物或现象，就能识别出任意多的事物或现象。这些有限的事物或现象叫作各个模式。在人工智能领域，人们较早地开发出了识别声音、脸和动物之类的技术。对于模式识别技术而言，除记忆之外，抽象和推广能力是关键。

模式识别意在学习人类（或其他生物系统）在所处环境中发现、区别和找出特征从而标识出观察结果的本领，这属于认知科学的范畴，是生理学家、心理学家、生物学家和神经生理学家的工作范围；同时也专注于开发和评价模仿或辅助人类识别模式能力的系统，这是数学家、信息学专家和计算机科学家的用武之地。模式识别中工程的观点则是试图建立模拟生物识别能力的系统，这方面的研究已经取得了系统的成果，也给人工智能的发展打下了良好的理论基础。模式识别的方法主要包括决策理论方法、句法方法和统计模式识别3种。决策理论方法又称统计方法，该方法的操作顺序是先将识别对象进行数字化，转变成适于计算机处理的数字信息；随后进行特征抽取，从数字化后的输入模式中抽取一组特征；最后将抽取的特征进行分类。句法方法又称结构方法或语言学方法，指的是把一个模式分解为较简单的子模式，再将这些子模式分解为更简单的子模式，最终得到一个树形的结构。统计模式识别的主要方法有判别函数法、近邻分类法和非线性映射法等。

模式识别的流程可以概括如下。首先，通过各种传感器把被研究对象的各种物理变量转换为计算机可以识别的数值或符号的集合，这个集合称为模式空间，相应的数值或符号则称为信号。对模式空间的必要处理（如去除噪声的干扰、排除不相关的信号）是抽取有效识别信息的基础。在数据的识别中，模式空间中的信号经过特征量的提取和变换后被映射到新的空间中，这个新的空间就是特征空间。与原始的模式空间不同的是，特征空间中的元素是相互独立的，任意两个元素之间不存在相关性，这显然构成了描述信号的一组基本元素，这个过程也可以被看作特征抽象的过程。模型匹配正是借助特征空间上的基本元素进行的，通过对输入的对象进行同样的空间转换，模式识别系统会输出对象所属的类型或者是模型数据库中与对象最相似的模型编号。为了提升模式识别的精确性往往需要加入一些预先设定的规则以对可能产生的错误进行修正，或通过引入限制条件大幅缩小待识别模式在模型库中的搜索空间以减少匹配计算量。

3.4.2　模式识别的技术应用场景

在实践中，模式识别已被应用于文字识别、语音识别、指纹识别、遥感和医学诊断等方面。文字识别侧重于机器自动输入方面。将文字快捷、方便地输入计算机是提高人机接口效率的一个重要因素。就汉字来说，录入计算机主要靠人工键盘输入和机器自动识别输入，而机器自动识别输入又分为扫描识别输入和语音识别输入。从技术层面来说，手写体的输入要难于印刷体的输入。在这方面，脱机手写体的识别还存在一定的技术难度。在生物识别领域，声纹识别技术因具有方便性、经济性和准确性等优势而越来越受到关注，应用领域也不断拓宽，成了人们生活和工作中使用最为普及的安全方式。在遥感领域，图像识别技术早就广泛服务于农作物估产、资源勘察、气象预报和军事侦察等各个领域。在医学诊断方面，通过模式识别技术，在癌细胞检测、X射线照片分析和血液化验等方面都已取得明显的成效。

模式识别技术是人工智能的基础技术，随着智能化、信息化、计算化、网络化等方面的技术进步，模式识别技术得以持续发展。在国际上，一些权威研究机构和公司无不将模式识别技术作为战略研发的重点。其中，语音识别技术、生物认证技术和数字水印技术更是受到了前所未有的重视。

目前，模式识别技术最成功的应用非 OCR 莫属。OCR 的本质是利用光学设备捕获图像并从中读取文字。未来的办公室中很可能出现这样的景象，只要使用手机等具备拍照功能的智能设备对会议板进行拍照，系统便能自动识别出照片中的讨论内容，分检出相关人员的后续工作，并将待办事项自动存放到各自的电子日历中。正是 OCR 的出现使这样的场景成为可能。

OCR 中的技术难点在于字符的辨认与区分，其技术手段包括模式匹配识别法和特征提取识别法。其中，模式匹配识别法是将数字图像中的字符与已有数据库中的标准字符相比较，以找到最相似的匹配，寻找的过程通常是以迭代的方式进行的。

作为人机接口的关键技术，语音识别技术在应用方面已经发展成为具有竞争性的高新技术产业。据有关机构预测，未来 5 年内中文语音技术领域的市场容量将超过 400 亿元，并且还会以每年 30% 的速度增长。

生物认证技术已成为人们高度关注的安全认证技术。通过这项技术，将来人们可以不需要密码、磁卡来进行身份识别，而是通过自身的唯一性来标识身份和保护隐私。据国际数据集团（IDC）预测，未来 10 年内仅在移动电子商务领域，生物识别技术的市场规模将达到 100 亿美元。

数字水印技术是公认的最具发展潜力的数字版权保护技术。据 IDC 预测，未来 5 年内数字水印技术应用在全球市场的容量超过 80 亿美元。

模式识别是人类在日常生活中所自觉或不自觉采取的一种思维

活动过程。随着计算机技术和人工智能的发展，人类希望用机器来代替或扩展部分脑力劳动。由此，模式识别成为人类植入机器内的一种"思维"活动。有关模式识别的研究也已发展成为一门新学科。作为人工智能的基础技术，模式识别技术必将承载着人工智能朝更高的目标前行。

3.5 大数据与人工智能

3.5.1 大数据与人工智能势在必行

人工智能离不开深度学习。通过大量数据的积累探索，机器必将在任意单一的领域超越人类。而人工智能要实现这一跨越式的发展，把人类从更多的体力劳动中彻底解放出来，除了计算能力的提高和深度学习算法的演进，大数据更是助推深度学习的"高能燃料"。离开了大数据，深度学习就成了"无源之水""无本之木"。在人工智能时代，深度学习和大数据密不可分。深度学习可以从大数据中挖掘出以往难以想象的有价值的数据、知识或规律。简单来说，只要有足够的数据作为深度学习的输入，计算机就可以学会以往只有人类才能理解的概念或知识，然后再将这些概念或知识应用到之前从来没有见过的新数据上。

深度学习的实质是通过构建具有很多隐藏层的机器学习模型和海量的训练数据来学习更有用的特征，最终提升分类或预测的准确性。从本质上讲，深度学习只是手段，特征学习才是目的。为了更加精确地进行特征学习，深度学习引入了更多的隐藏层和大量的隐层节点，明确突出了特征学习的重要性，也就是说，通过逐层特征变换，将样本在原空间的特征表示变换到一个新特征空间，从而使分类或预测更加容易。与人工规则构造特征的方法相比，利用大数据来进行特征学习，更能够刻画数据丰富的内在信息。

谷歌公司的围棋程序 AlphaGo 已经达到了人类围棋选手无法达到的境界，没有人类可以与之竞争，这是因为 AlphaGo 在不断地进行学习。AlphaGo 不但从人类专业选手以往的数百万份棋谱中学习，而且从自己和自己的对弈棋谱中学习。人类专业选手的对局、AlphaGo 自己与自己的对局，这些都是 AlphaGo 赖以学习和提高的大数据。

从实际应用的角度来说，深度神经网络只是一个可以运作的简单大脑，单靠这个简单的大脑还不足以完成深度学习的任务。在医学上有种现象，失聪儿童由于先天或后天的原因在年幼时丧失了听力，但发声功能通常完好无损，这意味着他们具备说话的生理条件。可长大后，大部分的失聪儿童都不会说话，只能发出类似语言的简单音节组合。他们具备完好的生理条件但并没有进化出语言能力，这是为什么呢？

其原因在于语言的能力没有被训练出来。读者不妨回忆自己学习说话的过程，一没有理论学习，二没有题海战术，靠的就是简单的牙牙学语。幼儿在最初听到任何语言的时候都会"蒙圈"，不知道说的到底是什么东西，但他们会通过观察出现这些语音信号时的场景图像来猜测这些词句大概代表的含义，并将场景图像和语音建立联系。经过多次的重复刺激后，幼儿就逐渐形成了对这一语音符号的条件反射，在大脑语言区的位置形成了脑神经的一个网络结构并逐渐构造该语言的语言区，从而最终实现了用这种语言的语音符号思维的能力。而对于失聪儿童来说，听觉的丧失使他们无法建立场景图像和语音之间的联系，也就没有办法形成习得语言所必备的条件反射了。

根据联结主义学派的观点，机器的深度学习借鉴的正是人类的学习，训练的过程也是智能形成的必由之路。如今，大数据就扮演着这一重要的"训练"角色。大数据的飞速发展让深度学习拥有了无比丰富的数据资源来完成特定功能的训练。除此之外，辅以发达的传播渠道，大数据还能够产生涟漪效应。千千万万的深度学习的用户把与之相关的使用习惯传入已有的数据集合中，新增的数据反过来能够促进学习的深入。这样的涟漪效应使深度学习不断地进行自身的优化以达到更优的结果。前文中提及的 AlphaGo 便是大数据训练出来的硕果，古今中外的海量对局把不懂围棋为何物的算法训练成了"独孤求败"的高手。

大数据的出现为深度学习的发展提供了前所未有的契机，基于大数据的深度学习如何在现实生活中发挥作用呢？一个非常好的例子是利用大数据辨认通缉犯。计算机可以通过预先学习成千上万张人脸图片，掌握分辨人脸的基本规律。由此计算机便可以记住全国所有通缉犯的长相，而没有一个独立的人类可以做到这一点。这样一来，全国的安防系统只要接入了这套会识别通缉犯相貌的计算机程序，通缉犯在公共场合一露面，计算机程序就可以通过监控摄像头采集的图像将通缉犯辨认出来。大数据和深度学习的结合，可以完成以前需要众多人力才能完成的任务。虽然大数据为人工智能带来了机会，却也对它提出了更高的要求。在工业界一直奉行"大道至简"的原则，即在大数据条件下进行机器学习，简单模型会比复杂模型更加有效。可近年来深度学习的惊人进展，促使我们不得不重新思考这个观点。在大数据条件下，也许只有比较复杂的模型，或者说表达能力强的模型，才能最大限度地发掘海量数据中蕴藏的丰富信息。将大数据运用到浅度学习上，只会产生数据无法充分被利用的结果，只有更强大的深度学习才能从大数据中发掘出更多有价值的信息和知识。

3.5.2 大数据的利与弊

在任何拥有大数据的领域中，我们都可以找到深度学习大展身手的空间，都可以做出高质量的人工智能应用。任何拥有大数据的领域都有创业的机会。金融业有大量的客户交易数据，基于这些数据的深度学习模型可以让金融业更好地对客户进行风险防控，或针对特定客户进行精准营销。电子商务行业有大量商家的产品数据和交易数据，基于这些数据的人工智能系统可以让商家更好地预测每月甚至每天的销售情况，并提前做好进货准备。城市交通管理部门拥有大量的交通监控数据，在这些数据的基础上开发的智能交通流量预测、智能交通疏导等人工智能应用正在大城市中发挥作用。大型企业的售后服务环节拥有大规模的客服语音和文字数据，这些数据足以将计算机训练成满足初级客服需要的自动客服，帮助人工客服减轻工作负担。教育机构拥有海量的课程设计和课程教学数据，针对这些数据训练出来的人工智能模型可以更好地帮助老师发现教学中的不足，并针对每个学生的特点加以改进。

语音识别是一个典型的基于大数据的机器学习问题，其声学建模的训练样本数可以达到十亿个甚至千亿个级别。要处理这样体量的数据，普通的神经网络是无能为力的，需要更加复杂的深度神经网络。但在谷歌公司的一个语音识别实验中，研究者发现即使使用深度神经网络进行训练，训练出的模型对训练样本和测试样本的预测也都相差无几。这种违背常理的现象只有一种解释，就是由于大数据里含有的信息维度太过丰富，即使是如深度神经网络一般的高容量复杂模型也处于欠拟合的状态，更不必说传统的高斯混合声学模型了。深度学习模型就像是高效的冶炼机器，没有它就没有办法从大数据这座金矿里提取出金子。

要使机器大脑达到人类大脑的水准，第一个重要的步骤就是获取信息。信息既可以通过搜索引擎直接抓取，又可以通过记录用户的搜索历史获得。当然，孤立的信息是没有任何用处的，机器大脑还要挖掘其中的各种关联作为行动的指导。这个过程很难由机器主动完成，现阶段唯一的途径是通过搜索引擎的用户反馈来实现。当用户搜索某个关键词后对某个网站的点击增加，就会自动增加这个关键词与该网站的关联，从而不断地寻找最优算法，让用户直达最优结果。

事实上，不只是语音识别或图像识别这类专门的应用，真正的人工智能也应当基于大数据而诞生并基于大数据不断进化。通过对海量的搜索和其他相关操作进行关联性的提取与分析后，机器大脑就能够找出在发生某个特定事件时绝大多数人类的行为模式，并以这种模式和人类进行互动，使人类以为对面是一个真人。在现有的技术条件下，这可能是人工智能的终极形态。

需要注意的是，大数据和人工智能的结合也可能给信息流通和社会公平带来威胁。在 2016 年的美国大选中，有一家名为 Cambridge Analytica 的公司基于人工智能技术，用一整套分析和引导舆论的软件系统操纵选情。这个系统可以自动收集和分析互联网上的选情信息，评估人们对两位总统候选人的满意度，并通过给定向用户投放信息，自动发送虚假新闻等技术手段，宣传自己所支持的候选人；还可以通过 A/B 组对照试验，准确判断每个州的选民特征，为自己所支持的竞选团队提供第一手的数据资料和决策依据。

此外，在大数据发挥作用的同时，人工智能的研发者还须注意，大数据的应用必然带来对个人隐私保护方面的挑战。为了给用户推送精准的广告信息，就要收集用户的购买习惯、个人喜好等数据，这些数据中往往包含了许多个人隐私。为了获得以人类基因为基础的医疗大数据来改进疾病的诊疗，就要通过各种渠道收集尽可能多的人类基因样本，而这些数据一旦保管不善，就可能为提供基因样本的个人带来巨大风险。为了建立智能城市，就要监控和收集每个人、每辆车的出行信息，而这些信息一旦被坏人掌握，往往就会成为案犯最好的情报来源。

有效、合法、合理地收集、利用、保护大数据是人工智能时代的基本要求，需要政府、企业和个人三方共同协作，既保证了大规模信息的正常流动、存储和处理，又避免了个人隐私被滥用或被泄露。

人工智能的应用

伴随着 AlphaGo 先后打败顶尖围棋高手李世石和柯洁，人工智能成为年度火热词汇。人工智能的发展离不开各国战略和政策的高度支持，离不开机器学习算法的发展、计算能力的提高、数据的开放和应用的不断深化。从产业发展的成熟度来看，交通、医疗、金融、娱乐可能成为人工智能最先落地的领域。融合了多项人工智能技术的无人驾驶、金融、医疗服务等领域得到了国家和产业界的高度关注，是本章要重点介绍和分析的内容。

第四章

智慧城市：车联网时代的变革

　　智慧城市是迭代演进的建设过程，只有起点，没有终点，目前已从智慧城市 1.0 阶段发展到了智慧城市 3.0 阶段。在智慧城市 3.0 阶段，物联网是智慧城市的核心基础，通过物联网的部署真正实现了数字技术与城市治理各方面相结合，最终通过城市的海量数据挖掘提升智慧城市的治理能力，实现城市的可持续性发展。

　　目前，云计算、物联网、移动互联网、行业信息服务正在成为信息通信技术业务发展的重点领域，共同推动了车联网的形成。车联网在智慧城市中的应用主要体现在 4 大方面：交通堵塞控制、交通安全控制、交通信息服务和商业运营服务。

　　车联网的发展使封闭的乘车舱接入了更多的商业场景。无人驾驶解放了驾驶人的双手，使其能将更多的注意力转向联网的信息娱乐服务，丰富乘车体验，同时，汽车出行的场景化特征能够有效地结合消费发挥作用。

4.1　无人驾驶：领跑智慧城市

无人驾驶的历史可以追溯到二十世纪七八十年代，始于美国、日本、德国等对车辆科技研究领先的国家。经过几十年的发展，在人工智能技术的推动下，无人驾驶又得到了进一步的发展，实现了人工智能、控制自动化、环境感知系统、机电一体化、电子计算机等技术的融合，涉及算法、计算、数据、通信和垂直整合 5 个维度，从软件层面的深度学习系统、视觉感知大数据和驾驶行为大数据，到硬件层面的移动端和云端芯片，再到底层 5G 协议的移动端-云端通信，无人驾驶将多种技术融合，甚至涉及下一代信息通信技术。因此，美国将无人驾驶列入国家层面的技术项目，以求取得信息时代的发展优势。

2013 年，无人驾驶方兴未艾，美国高速公路安全管理局（NHTSA）为智能汽车正式划分了等级。根据给出的定义，智能汽车的发展可以分为 4 个阶段。第一阶段（L1）是"高级辅助驾驶系统"阶段，特点是为驾驶人提供碰撞警示、紧急情况制动、盲区监测，以及弥补司机夜间行车的视力弱势。第二阶段（L2）为"特定环境的自动驾驶"阶段，其接近于通用公司的设想，是指车辆能在高速公路或堵车等相对规律的环境中自动驾驶。从第三阶段（L3）开始，我们对无人驾驶的期待有了一些轮廓，L3 为"多种环境中的自动驾驶"阶段，即车辆能适应所有路况，但在特殊情况下需要转交给人类驾驶人。第四阶段（L4）是"全自动驾驶"阶段，此时智能汽车真正做到了自主驾驶。至于 L3 与 L4 的区别，从外形上看，是 L4 的智能汽车在 L3 的智能汽车基础上撤掉了转向盘和制动踏板。

我国无人驾驶的研发相对滞后，自 20 世纪 90 年代起，国内各高校和研究机构陆续开展无人驾驶的研发工作，推出了多款测试车型。2015 年，国务院发布实施了智能制造战略，将无人驾驶作为汽车产业未来转型升级的重要方向之一；一汽、上汽等主要汽车生产商及百度等科技企业扛起了我国无人驾驶研发的大旗。

我国主要参考了 NHTSA（美国国家公路交通安全管理局）和 SAE International（国际汽车工程学会）的标准划分文件，以及国内依据 SAE 分级形成的智能网联汽车等级标准，并顾及国内行业对术语使用习惯的规范，对无人驾驶这一概念做出解释。需要注意的是，NHTSA 更多是从法律层面给技术设置门槛，SAE 更注重技术层面的信息描述和传达，国内官方机构则在 SAE 的基础上更看重我国特殊的交通情况，以及目前业界通用的 SAE 标准。

对智能汽车的等级划分可以说是对汽车行业的一次重新洗牌。在无人驾驶领域，传统汽车生产商、互联网企业、出租车行业巨头三分天下。传统汽车生产商的兴趣点在于 L1 和 L2，L3 和 L4 则聚集了包括谷歌、百度、优步（Uber）、特斯拉在内的科技巨头公司。

我国在 2018 年实现了 L2 自动驾驶汽车的量产，上汽荣威 Marvel X、长安 CS55、吉利缤瑞、长城 VV6 在内的多款车型都具备 L2 自动驾驶功能。前车碰撞预警制动、车道保持、智能巡航、自动跟车、盲区监测、拥堵辅助、智能远光灯控制等辅助驾驶功能已是自动驾驶汽车的基本配置，此外，还可以实现自动泊车、自动控速等功能。在加州车辆管理局（DMV）公布的 2019 年度自动驾驶路测成绩单中，在每两次人工干预之间行驶的平均里程数（MPI，Miles Per Intervention）排名前 10 的公司中有 5 家来自中国。

4.2　无人驾驶的研发现状

近年来，国内的无人驾驶领域快速发展，各大企业纷纷调整战略，将"矛头"指向无人驾驶，以期在未来的无人驾驶领域分得一杯羹。目前，无人驾驶的研究仍处于研发和测试阶段，但是从各大公司竞相发展无人驾驶的现状可以看出，掌控无人驾驶领域的核心技术将会在未来的竞争中取得绝对优势。

百度是国内无人驾驶汽车技术的领跑者，早在 2015 年，百度研发的无人驾驶汽车便在北京完成了城市路面全自动驾驶测试。2016 年 11 月 16 日，百度无人驾驶技术亮相世界互联网大会后，其无人驾驶汽车在桐乡市的道路上进行了公开行驶，这是中国自主研发的无人驾驶汽车首次在开放的城市道路上行驶。2017 年 4 月，百度宣布正式开放"阿波罗（Apollo）计划"的无人驾驶平台，为汽车行业及无人驾驶领域的合作伙伴提供一个开放、完整、安全的软件平台，帮助他们融合车辆与硬件系统，快速搭建一套属于自己的无人驾驶系统。

从环境感知、行为预测，到规划控制、高精地图、高精定位，一辆无人驾驶汽车上集纳了当下多个领域最顶尖的技术。百度能在这么多的方向同时迸发，依靠的是其在人工智能、深度学习领域的长期积累。当然，从无人驾驶技术的发展历程来看，百度无人驾驶汽车可以说是立足于"巨人之肩"，每一台硬件设备都有过异想天开的"原型"，每一条技术路线都是全球无人驾驶汽车研究者在反复失败中提炼出的"最优解"。

现在，百度无人驾驶汽车仍在进行着大量的路测。2017 年 12 月，百度与雄安新区签署战略合作协议，双方围绕新区智能交通规划，发挥百度无人驾驶的生态优势，共同打造"无人驾驶 智能出行"试点示范，致力于将雄安新区打造成世界领先的智能出行城市。签约当天，百度 Apollo 自动驾驶车队在雄安新区率先开跑，展示了百度开放的 Apollo 无人驾驶平台在乘用车、商用巴士、物流车和扫路机等多车型、多场景、多维度的应用。2018 年 5 月 14 日，百度 Apollo 自动驾驶车队再次跑上雄安新区的街道，意味着双方在无人驾驶领域的合作步入全面落地的试运营阶段。如图 4-1 所示为百度 Apollo 团队在雄安新区进行无人驾驶汽车的夜间测试。

图 4-1　百度 Apollo 团队在雄安新区进行无人驾驶汽车的夜间测试

除了百度之外，其他科技巨头公司也着眼于无人驾驶领域。2015 年 4 月，阿里巴巴成立汽车事业部；2016 年 7 月，阿里巴巴与上汽合作的互联网汽车荣威 RX5 上市。腾讯在 2015 年 6 月与中国和谐汽车控股有限公司、富士康联合成立河南和谐富腾互联网加智能电动汽车企业管理有限公司。

中国的无人驾驶领域还有以下几家令人期待的创新型企业。例如，驭势科技（北京）有限公司（以下简称驭势科技）是一家专门从事无人驾驶技术研究的初创公司，在视觉方面有着深厚的技术积累，能够提供低成本纯视觉的无人驾驶解决方案，在限制性环境的无人驾驶技术方面取得了相当大的进展。从路试距离上来说，百度相比谷歌还有很大差距，而类似驭势科技这种专业公司的出现，为国内的无人驾驶技术研究提供了新的动力。

成立于 2016 年的 Momenta 公司致力于打造自动驾驶大脑，是世界顶尖的自动驾驶技术公司，其核心技术是基于深度学习的环境感知、高精度地图和驾驶决策算法，其产品包括不同级别的自动驾驶方案，以及衍生出的大数据服务。Momenta 公司自成立以来主要完成了三个阶段的建设。第一阶段是底层基础平台的建设；第二阶段是基于底层平台，建立起环境感知、高精度地图与定位、驾驶决策规划等一系列的软件算法；第三阶段是形成自主泊车、高速公路与城市环路及城市道路等不同场景和不同级别的自动驾驶解决方案。

nuTonomy 公司是从麻省理工学院分离出来的一家开发无人驾驶出租车的创业公司。nuTonomy 公司利用了一种形式逻辑来辨别安全避让的优先等级，从高到低依次为避让行人、避让其他车辆、避让障碍物体、安全行驶时保持行驶速度、遵守交通规则、提供乘车舒适性等。该车还搭载一种计划运算程序，这种程序被称为"RRT"，可以通过摄像头和传感器等硬件设备获取并评估潜在的行驶路径，选择符合优先规则等级的路径。例如，当前方车辆停止并挡住前行道路，nuTonomy 公司的无人驾驶汽车就会打破不跨越道路中线的规则，选择绕过前方停止车辆。

无人驾驶汽车是物联网中极具意义的应用，可以共享设定区域内的位置信息、外部环境信息、自身驾驶信息等，每辆车都会成为信息的接收者和发出者，实现整个区域内的协同驾驶，进而实现车与车、车与人、车与万物的相连。而无人驾驶汽车和物联网的实现依赖 5G 时代的到来。

4.3　无人驾驶的技术突破

无人驾驶从技术角度上可以分为感知层、决策层和执行层，其中，决策层主要包括计算平台（芯片）及算法。目前在算法方面，深度学习已成为主流。深度学习强调的是"端到端"的学习，其优势在于对非结构化数据的识别、判断和分类，并把复杂信息精简地表达出来。因此，深度学习具有较强的感知能力，可以理解各种复杂图像的含义，十分适合无人驾驶面对的复杂环境。深度学习与增强学习的结合可以将感知层和执行层紧密地结合在一起，构成一个完整的无人驾驶系统。

随着人工智能的发展，尤其是深度学习的成熟，算法可以凭借大量的数据识别物体属性并做出合理决策，使无人驾驶逐步成为可能，其背后无限的想象空间也令业界向往。特斯拉和 Waymo 在自动驾驶领域"领跑"，此外，英特尔收购 Mobileye、高通收购恩智浦、通用收购 Cruise 等，都是引人关注的。自 2016 年起，国内传统汽车生产商纷纷发布"智能网联化战略"，计划在 2020 年实现 L3 无人驾驶。大量初创公司入场，试图抓住新时代浪潮，资本的追逐和市场的火热使业界对无人驾驶的未来发展十分乐观。

4.3.1　无人驾驶技术的"CPU"：高性能芯片

随着无人驾驶时代的来临，传统的车载电子控制单元（ECU）的计算能力无法满足深度学习算法的需要。因此，拥有更强运算能力、更高数据传输带宽的计算平台有了市场需求，曾作为 PC 核心硬件的芯片处理器将继续在无人驾驶中保持重要性。

目前，将芯片运用于无人驾驶计算平台有几种不同的技术路线。第一种技术路线是以并行运算效率高、数据吞吐量大的 GPU 为主导实现通用化，其代表企业是英伟达。第二种技术路线是多核处理器异构化，将 GPU+FPGA 处理器内核集成在 CPU 上，其代表企业是英特尔。不同于前两种将 PC 端芯片转植到深度学习芯片中的通用型打法，谷歌公司针对深度学习框架 TensorFlow 推出了专用型芯片——张量处理单元（TPU），成为计算平台技术的第三种技术路线。

我国对人工智能算法的刚性需求正在推动芯片与计算平台的国产化，深度学习更高的性能功耗需求使国内企业有机会开发专用型芯片，突破由英特尔、英伟达垄断的芯片市场。中科寒武纪科技股份有限公司、北京地平线机器人技术研发有限公司等国内初创公司以人工智能专用型芯片作为突破口，在政策和市场的支持下已具备相当可观的研发实力。

还有一些国内的科技软件公司选择软件开发作为突破口。北京中科慧眼科技有限公司的技术团队实现了在芯片中对双目的高速计算。由于两只眼睛对同一个物体呈现的图像存在视差，视差的大小也对应着目标物体的远近。目标距离越远，视差越小；反之，目标距离越近，视差越大。但双目系统的缺点在于其计算量巨大，并且对计算单元的性能要求极高，这使得该技术产品化、小型化的难度较大。

4.3.2　实现车联网的关键节点：车载传感器

在无人驾驶技术来临之前，车用传感器就在汽车上得到了应用。作为车载计算机（ECU）的输入装置，车用传感器能够将发动机、底盘、车身等各个部分的运作工况信息以信号的方式传输至车载计算机，从而使汽车达到最佳运行状态。随着高级辅助驾驶系统（ADAS）的广泛应用，摄像头等用于环境感知的传感器进入公众视野。作为辅助设备，这些传感器将汽车周边的环境信息输入相应的系统模块，由系统进行判断，提前给驾驶人预警或提供紧急防护。

在无人驾驶汽车中，传感器将发挥更重要的作用。定位、雷达、视觉等传感器协作融合，能够以图像、点云等形式向相应的系统输入收集到的环境数据，并通过算法进行提取、处理和融合，进一步形成完整的汽车周边驾驶态势图，为驾驶时的行为决策提供依据。

在传感器领域，最受关注的莫过于以摄像头为主的计算机视觉解决方案和激光雷达解决方案。计算机视觉简而言之就是用摄像头代替人眼对目标（车辆、行人、交通标志）进行识别、跟踪和测量，感知汽车周边的障碍物及可驾驶区域，理解道路标志的语义，从而对当下的驾驶场景进行完整描述。计算机视觉技术依托的传感器——摄像头的价格相对低廉，单个摄像头的成本已降到 200 元以下，且制造工艺已相对成熟，并已在汽车高级辅助驾驶市场大规模使用。依据不同的图像检测原理，摄像头可分为单目摄像头和双目摄像头，根据芯片类型又可分为电荷耦合器件（CCD）摄像头和互补金属氧化物半导体（CMOS）摄像头等。

计算机视觉的难点在于如何提高图像识别算法的准确率。目前，业界主要采用监督式的深度学习算法，使用标注好的图像数据训练软件来检测和识别物体。知名计算机视觉识别数据库 ImageNet 已将图像识别准确率提升至 95%以上，超过了人类的图片识别准确率。不过，单幅图片的识别能力提升并不能代表软件在面对纷繁复杂的驾驶场景时依然可以保持较高的图像识别准确率。

激光雷达则有更高的测量精度和三维成像能力，能满足障碍物检测、动态障碍物识别与跟踪、路况检测、实时定位和环境建模的需要。激光雷达进行图像识别采用的是光飞行时间法（TOF），即通过发射和接受激光束，计算激光遇到障碍物的折返时间，分析得出目标与设备的相对距离，并测量障碍物的轮廓。这些信息经过处理能够获得精度达厘米级的 3D 环境地图。当前用激光雷达进行图像识别的实现方式主要有微机电系统（MEMS）、光学相控阵（OPA）技术、面阵闪光（Flash）技术 3 种。

尽管无人驾驶市场需求量极大，激光雷达仍面临着生产成本高、量产难的问题。要推动激光雷达成熟的量产方案落地，供应商势必要完整地掌握硬件的核心技术，以便控制成本，并提供配套的算法推动市场接受其方案。目前，实现激光雷达低成本制造的可行路线有两种，一是牺牲一定的精度，使用全固态、低线束激光雷达以降低制作成本；二是提高生产率，通过量产带来的规模化效益摊薄产品成本。

无论以摄像头为主的计算机视觉解决方案，还是激光雷达方案，用作车载传感器时都不具备独当一面的能力。例如，摄像头的硬件技术已相对成熟，但所需的算法识别准确率却仍待提高；激光雷达的点云算法比较容易实现，但在硬件技术方面实现难度较大。可见，无人驾驶汽车要安全运作，必须保证多传感器协同工作和信息冗余。在此基础上，无人驾驶汽车所需的传感器部件将进一步向轻量化（包括产品重量及传感器数量）和低成本化方向发展。

4.3.3 无人驾驶汽车上的高精度地图

对于无人驾驶汽车而言，传统的导航地图无法满足无人驾驶的需要，为此，高精度地图（HD-map）应运而生。它能够提供更前瞻的信息指示和冗余性，帮助汽车进行匹配定位，使驾驶系统感知更大范围内的交通状况，保证无人驾驶的安全性。高精度地图的道路信息记录能帮助汽车自主地进行路径规划。此外，高精度地图还能记录车主的驾驶轨迹、了解车主的行车习惯、学习车主的驾驶行为，为无人驾驶汽车提供决策支持，并为车主提供个性化的出行体验。"高精度"的含义简单来说是以下 3 点：地图的绝对坐标精度高、道路交通信息元素丰富而精细、能为定位和路径规划提供精细依据。

构建高精度地图的主要思路是通过众包的形式，使用传感器进行道路数据采集并在后台完成绘制。此外，鉴于高精度地图绘制投入大、周期长的特性，也有公司以特征测绘这种精度较低、相对简易的技术方案建图。高精度地图技术尚未成熟，目前仍处于商业化的尝试阶段。低成本、规模化的产出和地图的可持续运维能力将是该领域企业胜出的决定性因素。国内三大图商百度、四维图新、高德在自动驾驶和高精度地图领域的研发布局和资金投入最多，现已成为行业的领导者。对后来者而言，成本负担能力和测绘资格获取难度都决定了他们很难跨过门槛。

4.3.4 无人驾驶的智慧源泉

无人驾驶汽车自我认知和决策的过程需要借助机器学习、深度学习来构建算法。算法的好坏又取决于"喂给"其数据的质量。因此，数据常常被业界看作无人驾驶的关键所在。目前，业界还没有快速获取数据的方法，汽车上路实测、软件模拟和众包分发是不同的数据收集方式。在获取数据后，还需要对内容进行人工标注。以图像识别算法为例，工程师要对收集到的大量图像中的各种物体加上标签并标注属性，类似于教小孩认识事物。经过大量循环往复的训练，系统才能具备识别物体的能力。

训练数据这一前提解决后，下一步就需要搭建算法系统。目前，搭建算法系统有几种不同的技术路线。其一是人工使用"if-then"规则编程可能的驾驶场景和应对方案，这种方法显然难以覆盖所有场景，也不够灵活，往往只作为系统初步搭建的基础工作。其二是使用贝叶斯网络（概率推理）针对事件发生的概率及事件的可信度进行分类，进而输出指令。这种方法具有模块化、透明化等优势。采用深度学习的神经网络算法模拟人类大脑处理信号的过程，能训练人工智能根据具体场景的特征输出指令。深度学习具有"黑箱"性质，其依据难以理解且存在安全隐患，但深度学习运用于无人驾驶具有很大的优势，是目前业界研究的重点。

4.4 车联网的时代到来了吗

目前，上文所述的车联网还只是一个"看上去很美"的愿景，任何一个新业态的大规模商用之路都不是一帆风顺的。尤其是在产业边界日渐模糊的今天，新业态的应用既受制于周边的环境，又往往会因为其"新"而引发前所未有的问题。

4.4.1 相关产业的发展能否满足车联网的需求

在车联网的运作中，"网"是至关重要的一环。网络的质量不仅决定了服务能否实现，而且影响着用户的使用体验。目前，汽车联入互联网的方式有 3 种，分别为车内配备用户识别（SIM）卡、间接使用手机网络和 Wi-Fi 连接。其中，前两种方式最为常见。第一种方式是由汽车生产商和电信运营商合作实现的。可联网的汽车内配备的 SIM 卡流量足够车载互联网使用，甚至还可以以无线热点的方式共享给车内的其他联网设备。第二种方式则是通过蓝牙、数据线等将车载系统与手机相连，实质上使用的是手机的移动网络。可见，目前的车联网业务主要依靠电信运营商提供的网络。因此，车联网的普及与发展还取决于电信行业网络基础设施的发展程度。以中国为例，目前国内 4G 网络的使用体验仍差强人意，4G 网络可以支持国内汽车生产商提供一些远距离通信（Telematics）服务，基本仅限于汽车与汽车生产商服务中心的互联，而现在市场上所使用的汽车类型也还只是为传统汽车添加了一个"可联网的中枢"。未来的互联网汽车除了满足车与人的交互，还要与道路设备和其他车辆交互。这意味着一辆汽车在运转过程中将会产生更多的数据，而这些数据的交互将产生更大的数据流量。例如，谷歌公司的无人驾驶汽车每秒就能产生约 1G 的数据。这就要求未来的车联网技术能对各类网络资源（移动网络、Wi-Fi 等）进行合理化的使用，也要求这些网络足以支撑车联网运转所产生的巨大流量，保证网络传输的速度。因此，网络基础设施的发展程度很可能成为车联网服务普及的一大瓶颈。

4.4.2 如何解决网络信息安全存在的问题

在互联网时代，每种与网络相关的业态都或多或少会遇到信息安全的问题，如隐私泄露、财产被盗等。一方面，智能网联汽车产生的大量数据可以帮助汽车生产商更好地为车主服务，甚至提供个性化的产品改造计划。但另一方面，海量的数据也透露着大量的个人驾驶信息、驾驶历史信息（如泊车位置、导航目的地清单）、车辆诊断信息等。而汽车神奇的"智能"特点，很大程度上源于这些数据被搜集和分析时，车主并不知情。这类信息不仅对汽车生产商意义重大，而且对产业链上的其他企业也至关重要。由于汽车生产商并不具备数据处理的优势，不少汽车生产商选择通过第三方公司搜集汽车数据，也有汽车生产商将数据传输到第三方数据中心，这使得数据安全更难得到保障。除此之外，未来 V2X 技术的发展还会进一步改变汽车数据传输的模式，即在目前的汽车与数据中心信息交互的基础上，加入汽车与汽车之间的信息共享、汽车与周边设备之间的信息共享。那么，这种数据传输的模式就由原本的双向线性传输变为更复杂也更难管控的网状传输了。与此同时，V2X 技术和自动驾驶技术的应用，使车联网的网络信息安全问题成了一个关乎驾驶人性命甚至社会公共安全的问题。试想，一个协同运转的汽车移动物联网中的某个环节突然遭到了黑客的入侵，继而引起某辆汽车甚至多辆汽车的行为失控，那么后果将不堪设想。当然，这类信息安全问题在互联网金融、社交网络等其他新业态中也存在，只是车联网的信息安全问题直接涉及人身安全，甚至可能导致城市交通瘫痪。联网程度越高，可能造成的损失也越大，甚至大到整个社会都难以承担。解决这类问题的途径之一是提高车联网的安全技术。

早在 2013 年，美国国家公路交通安全管理局就已经启动了有关汽车网络安全的研究项目。其后，也有不少组织陆续展开相关研究，还推出了防止入侵汽车系统的设备。然而在 2015 年，美国一项针对 16 家汽车生产商车联网服务的研究报告指出，大多数汽车生产商都没有能够检测出网络问题及快速响应的系统，所生产的智能网联汽车难以应对黑客入侵，很难保护用车人的隐私安全。可见，这类技术从研发到大规模商用还需要经历漫长的过程。而正如其他网络安全问题一样，汽车网络安全技术终将在与黑客的斗争中不断完善。除了进一步提升车联网的安全技术外，完善法规也有助于解决用车人的隐私安全问题，尤其是对汽车数据的使用和责任做出规定。这就涉及新业态带来的下一个问题，即社会制度与法律环境的"水土不服"。

当一个新业态出现在社会中时，常常会引发新的伦理问题或者凸显法律法规中的空白区域。这时，只有迅速完善社会制度与法规，甚至让制度和法规走在技术之前去引导新业态的逐步应用，才能更好地应对新业态给社会带来的冲击。无人驾驶汽车就是这样一个具有颠覆性的创新产品。事实上，出于安全考虑，截至 2014 年，美国只有 4 个州通过了有关无人驾驶汽车上路的法律，但这些州也尚未出台相关法律来处理路测可能出现的问题。谷歌公司的无人驾驶汽车测试了6年，累计行驶了300多万千米，其间共发生了14起交通事故，这些事故的原因均为其他车辆的驾驶人或谷歌无人驾驶汽车的驾驶人一时疏忽造成的追尾或碰撞。2016年2月，谷歌公司的无人驾驶汽车在躲避路边障碍物时撞上了一辆卡车，这是谷歌公司首次承认是因其软件问题导致的事故。同年5月，特斯拉公司的半自动驾驶汽车Model S发生车祸，造成驾驶人当场死亡。事发时，车辆正处于自动驾驶模式，这是有史以来第一起由自动驾驶引起的交通死亡事故。事后，特斯拉公司发布声明称，Model S的自动驾驶功能是一项辅助功能，要求驾驶员始终手握转向盘，随时准备接管。言下之意，特斯拉公司认为，驾驶人需要负一定的责任。理论上，成熟的无人驾驶技术比人为驾驶更为安全，然而一旦无人驾驶汽车出现车祸，责任认定就是不可避免的难题。究竟是由驾驶人、汽车生产商，还是由零部件制造商为此负责？这是目前的法律尚未给出答案的空白领域。

更进一步，无人驾驶汽车在行进中需要选择行驶轨迹，尤其是遇到危急情况时必须做出应急反应。但面临两难选择时，无人驾驶汽车有可能陷入类似"电车悖论"那样的伦理问题。例如，一辆无人驾驶汽车在行驶中遇到突发状况来不及停车，而道路两边都有行人出现，这时无人驾驶汽车不可避免地要撞向一方，那么究竟撞向哪一方？类似的场景我们可以设想出无数个。在人类遇到类似情况时，常常会出于本能反应做出选择，并为此承担道德后果。但是在无人驾驶过程中，汽车的"选择"可能会造成程度不一的损失，那么这类责任应该如何判定，也是一个随之而来的新问题。

律师约翰·弗兰克·韦弗就曾在其著作《机器人也是人》一书中主张："如果我们希望机器人为我们做更多的事情，如当我们的全职司机或给我们运送货物，那么，我们可能需要赋予他们法律主体的资格。"无人驾驶汽车本质上就是一个轮式机器人，因此，这一技术所带来的法律与伦理问题，事实上也是未来机器人技术的发展所必须解决的问题。就车联网的范畴而言，在这些新业态大规模商用之前，基础性的法律规定和保障也必须提前就位。而随着车联网的不断应用和相关交通纠纷的出现，车联网方面的法律法规会不断得到完善。然而，车联网所带来的技术与伦理问题，恐怕就不那么容易找到答案了。

在车联网应用加深的同时，未来车联网的理想社区模式开始出现。美国专门为车联网测试打造了一座名叫 Mcity 的智能交通示范园区。目前，园区内部已经形成了相当完备的车联网商业生态系统，可以看作未来人类车联网生活的雏形。

移动化、数据分析、云技术和物联网都是信息时代的技术基础。而汽车移动物联网正是站在这些技术的交汇点上，成了信息时代产业变革的一个典型案例。除了汽车制造、交通运输领域的显著变革，像"滴滴打车""优步"等分享经济、互联网维修养护等线上到线下（O2O）服务、二手车直卖等电商平台，也深刻地影响和改变着人们的用车生活。信息降低了沟通成本，增加了交易机会，催生了诸多创新的业态，也让产业边界日渐模糊。技术的发展带来了新兴业态，随之而来的新问题和新需求又不断推动着相关技术的进一步发展，形成了一个良性循环。车联网的出现和应用需求必将带动移动基础设施的快速发展，进而提升网络安全技术，甚至重塑现有的网络架构。而动态的技术进步也必然与静态的社会制度发生冲突，迫使社会制度做出相应的改变。事实上，车联网所引发的一系列社会制度与法律问题推动着人类社会制度的进一步完善，相应的制度保障也有利于车联网的普及和有序发展。

4.5　车联网未来的发展方向

2016 年 10 月，中国汽车工程协会发布的无人驾驶技术路线图详细展示了 2030 年之前中国汽车行业各细分领域的发展蓝图。报告制定了未来 15 年无人驾驶汽车的详细发展规划。

目前，无人驾驶汽车相关企业落地态势的雏形初现。无人驾驶汽车相关企业布局占地面积广阔，同时覆盖长三角、珠三角等多个地区，俨然形成华东、华中、华南三足鼎立之态势。除了可以带来直接经济效益的提升，无人驾驶汽车相关企业的落地还能给新能源的使用、就业和城市生态建设提供助力。因此，国内多个地方政府都推出了相关的企业扶持政策。

目前，人工智能算法正在覆盖无人驾驶的多个方面，如环境感知和识别、高精度地图创建、多传感器信息融合、自主决策规划和汽车控制指令等。深层次的融合使大量计算机科学人才投身汽车领域，为产业变革注入力量。

只要有能力聚集一批研发团队并研发出不错的算法模型，创业者就有机会获得不菲的投资，吸引一级制造（Tier 1）供应商的关注。较低的门槛使算法成为国内外创业者进入无人驾驶市场最主要的入口。目前，算法公司的主要发展方向是将不同算法经过封装成为覆盖不同环节的系统模块（如环境感知、中央决策），将系统模块嵌入汽车并与其他传感器硬件配套，组成可量产、可通用的完整的自动驾驶解决方案。国内已涌现出一批优秀的初创企业，如北京图森未来科技有限公司（以下简称图森未来）、北京智行者科技有限公司（以下简称智行者科技）等。

在移动互联网潮流中一度掉队的百度正在将所有力量押到人工智能（尤其是无人驾驶）上，大刀阔斧进行转型，进而成为国内人工智能布局最广泛、最深入的科技企业。国内汽车行业的制造商众多、市场分散、研发驱动力不足，而百度作为拥有深度研发能力的科技企业将有机会引领无人驾驶领域。

一般的算法公司缺乏自己的平台，必须要与主机厂、Tier 1 供应商等合作来取得数据和算法软件应用的机会，在短期内难以形成商业闭环，因而部分算法公司正在探索可能的发展模式。例如，图森未来靠计算机视觉进入无人卡车市场，试图扮演运营方的角色；智行者科技在研发通用的无人驾驶解决方案的同时，在低速无人驾驶领域研发物流车、观光车、机场接驳车等易于落地的商业项目。

目前，整个车联网产业仍处于起步阶段。严格地说，市场上现有的车联网产品及其应用多为一些车载产品，算不上真正意义上的车联网。完整的车联网应该至少包含 3 个层面的互联，即车与人的互联、车与车的互联、车与道路（周边环境）的互联。像 Telematics、车载系统这类车联网产品还仅仅停留在"人车互联"的层面，通过为传统汽车加入一个具备联网功能的"配件"实现汽车联网。而正在打造中的互联网汽车、无人驾驶汽车等则从整车制造的角度将汽车联入网络，在汽车的设计与制造过程中就将联网功能及应用视为汽车与生俱来的属性，这就为"车车互联"甚至"车路互联"提供了基础。在汽车联网程度加深的同时，未来车联网的理想社区模式也开始出现，这也是互联网企业为传统汽车制造业所带来的新鲜血液。除此之外，各国的科研机构也正在积极地打造智能交通示范园区，试图建立一个"人-车-路"协同运转的理想车联网模式。

　　这种未来的智能交通其实是将无数辆互联网汽车连接起来形成汽车移动物联网，再将道路设备纳入其中，让车与车、车与设备之间自动进行通信。与此同时，通过先进的数据处理技术进行统一的交通调控与引导，最大限度地保证城市交通安全、高效、节能地运转。因此，汽车移动物联网中最关键的技术是 V2X 技术，即车与外界的信息交换，这也是无人驾驶中的一大关键技术。

　　由于智能交通事关交通运输的安全问题，无人驾驶汽车不能直接在城市交通网络中测试，因此，其场地测试的范围极其有限。为了更好地进行无人驾驶的车联网测试，美国专门打造了一座小镇，作为智能交通示范园区。2015 年 7 月，这座名为 MCity 的模拟园区正式宣布对外开放。园区占地面积近 13 万平方米，由密歇根大学联手密歇根州交通部斥资 1000 万美元打造，其中既有模拟高速公路环境的高速试验区域，又有模拟市区和近郊的低速试验区。在小镇中，不仅有林荫道、石子路、地下隧道、环岛等特殊路况区域，还有可移动建筑，用于测试路边不同材质的建筑对传感器效果的影响。除此之外，小镇里还生活着一个在各个路口随意走动的机器人，负责测试无人驾驶汽车能否准确地避让行人。

　　相较于其他测试中的智能交通示范区，Mcity 园区最大的突破是其开放性。共有 60 余家企业和机构共同使用这一模拟城市，既包括福特、通用、本田、日产和丰田五大汽车生产商，也包括高通、博世、威瑞森等相关供应商，甚至还有美国汽车保险业龙头 State Farm。他们在使用 Mcity 园区的模拟环境（包括联网道路设备）进行测试时，还为其注入了源源不断的研发资金。这些企业几乎覆盖了未来车联网的整个产业链，其测试的项目从汽车、道路指示牌到摄像头。例如，本田的行人监测系统能够对靠近的行人发出警告，并采取自主制动；Verizon 研发了一款数字概念车牌，可以简化车辆注册和续费流程；德尔福公司开发了一项基于摄像头的技术，能够在驾驶人视线偏离道路时发出预警；密歇根大学则展示了一辆 3D 打印的电动无人驾驶汽车，这也是团队对汽车共享的初步尝试。更重要的是，Mcity 园区中的测试车辆来自不同厂家，其自动驾驶的程度也不尽相同，这就为不同品牌汽车之间的通信技术提供了测试的环境。例如，当不同品牌、运用不同技术的汽车在同一条道路上行驶时，能否保持安全的车距；不同厂家的 V2X 技术是否互不干扰，能否协同运转，这些都是未来城市车联网应用中会遇到的问题。

2010 年，上海世博会通用汽车馆的影片《2030，行》描绘了 2030 年的上海生活。那时，马路上所有的汽车都是无人驾驶的电动汽车，智能交通网络极其发达，甚至不再需要红绿灯和交通标志。汽车的外形已经变成了一个小车厢，取消了转向盘和制动踏板等构造，即使是盲人也可以独自开车出行。人们坐在汽车里，将前车玻璃作为显示屏，通过触屏的方式与操作界面进行交互，在驾驶同时可以使用各种应用软件观看视频甚至玩游戏。汽车行进过程中会在电量低时发出提醒，车主只需发出"去充电"的语音指令，汽车就会自行到马路旁的充电站进行充电。在到达目的地后，车主可以直接离开车厢，汽车会自行开到停车场并自动泊车。

在这样一个未来车联网的生活图景中，制造一辆汽车需要传感器、摄像头、雷达等硬件供应商，也需要图像处理、数据分析等解决方案的供应商。因此，汽车元器件制造的分工会进一步细化，也会有更多的企业参与进来。而在车联网应用方面，正如 Telematics 已经带来的改变那样，内容供应商、电信运营商及车联网服务供应商都将成为产业链上重要的环节。从智能交通的角度看，车联网产业还将涉及众多城市基础设施的建设，如充电桩、充电站、道路边智能交通设施的建设等。由此可见，未来的车联网产业将不再仅仅是一条产业链，而会成为一个庞大而复杂的商业生态系统。

4.5.1　5G 加速车联网进程

5G 是指第五代移动通信技术。目前，我们所使用的 4G 集 3G 与无线局域网络（WLAN）于一体，指的是第四代移动通信技术。4G 网络能提供 100Mbps 以上的速率，而 5G 网络是能提供 20Gbps 速率、时延 1 毫秒、每平方千米 100 万台设备连接、网络稳定性达 99.999% 的下一代蜂窝无线通信网络。5G 在 2020 年已经商用。高通公司表示，到 2035 年，5G 将为汽车产业及其供应链和客户创造超过 2.4 万亿美元的总经济产出，这几乎占预期 5G 全球经济影响的五分之一。

目前，汽车生产商研发的无人驾驶汽车仍处于单车智能的状态，由于没有车联网的支持，所以想要达到 L5 的全场景无人驾驶几乎是不可能的。过去 10 年，无人驾驶和车联网虽然"雷声颇大但雨点甚小"，在于其基础技术仍存在瓶颈，而 5G 网络的商用为自动驾驶和车联网的融合提供了更合适的契机。

5G 是无人驾驶汽车的重要依托，5G 车联网是未来实现无人驾驶的重要条件。因为在无人驾驶的过程中，车辆的传感器从监测路况信息到命令车辆做出反应的时间越短，驾驶的安全性就会更高。这就要求通信网络具有高可靠性和低时延的特点。因此，5G 车联网对于未来无人驾驶的实际应用是至关重要的。随着 5G 的加入，移动技术将成为汽车行业的一项通用技术（GPT）。5G 将帮助汽车生产商提高生产力与销售价值，改善用户体验与环境质量，减少交通事故和降低死亡率，5G 也将改变汽车使用、保有的模式和交通运输的传统模式。

5G 所支持的互联网汽车则为传统汽车产业参与者、内容开发商和软件技术公司带来机遇和挑战。5G 将变革汽车生产商的业务，扩大的车载娱乐与生产力工具的市场，从而带动内容和软件技术公司从中受益。

超可靠的 5G 通信将增加无人监控设备的运营时间并降低运营成本。5G 网络成为解决网络延时率的利器。在汽车高速行驶时，5G 网络能够瞬时处理大量的流动数据，满足自动驾驶的需求。为了更好地发展 5G 车联网，2016 年，由奥迪、宝马和戴姆勒联合 5 家电信通信公司（爱立信、华为、英特尔、诺基亚、高通）共同成立了 5G 汽车通信技术联盟（5G Automotive Association）。该联盟的目标是研发下一代智能网联汽车，并推进车内 5G 通信标准化技术的落地。近两年来，随着技术的成熟，该联盟已经涵盖主要汽车生产商、运营商与设备商，其成员超过 40 家企业。

目前，国内正在进行 5G 应用产业布局，相关行业标准也在逐渐落地，中国无人驾驶的发展速度已经不逊于世界主流国家，5G 车联网的时代即将到来。

4.5.2　传统汽车生产商的改进

特斯拉的崛起及谷歌布局无人驾驶的力度持续加码，给传统汽车生产商带来转型的紧迫感。当前，传统汽车生产商正在通过大规模的收购投资和不断加大研发投入紧跟技术发展趋势。受此启发，国内汽车主机厂也在加紧制定明确的无人驾驶发展时间表。

传统汽车生产商在资金体量、汽车制造设计上具有明显优势，也有成熟的供应销售链和生产线，因此，其产品商业化落地更容易被消费者接受。而且，平台优势及无人驾驶渐进普及的趋势使传统汽车主机厂能够大批量地获取驾驶数据，从而推动无人驾驶技术的发展。但也应注意到，无人驾驶新技术的引入需要分担汽车生产商相当一部分的力量，包括人工智能人才引进、中短期难以收到回报的资金投入等，因而传统汽车生产商需要尽可能维持既有产品的销售利润与技术研发所需的资金投入之间的平衡。与此同时，传统汽车生产的缓慢迭代特征难以适应技术的快速发展，共享化市场的可能性也将严重动摇汽车主机厂在汽车行业的核心位置。在汽车领域的重大变局下，传统汽车生产商呈现出相对保守的姿态，偏爱稳妥的无人驾驶渐进路线。在自主研发的同时，传统汽车生产商十分注重利用平台优势扩大多领域的合作，但动作相对谨慎。

新兴汽车生产商以生产智能电动汽车起家，因其实践创新的束缚更少、决策机构更轻，所具备的互联网思维更易于把握用户体验，所以在汽车增值方面有更多的尝试空间。"软件定义汽车"和"生活方式改变出行"是新兴汽车生产商最为突出的发展思路。以上海蔚来汽车有限公司为例，在短短 3 年的时间里便先后获得大笔融资，估值达到 200 亿元，如此迅速的成长速度颠覆了不少传统汽车从业者的认知。不过，新兴汽车生产商还远远没有形成与传统汽车生产商抗衡的能力。首先，生产汽车和打造供应链就是头等难题，在此过程中还需维持资金链，争取汽车的生产资质；其次，新兴汽车生产商建立品牌及形成销售服务体系难，因而有部分新兴汽车生产商选择与品牌合资销售的捷径。未来 3～5 年，国内新兴汽车生产商将面临优胜劣汰的局面。

4.5.3　无人驾驶+共享经济

在无人驾驶带来的新的交通出行生态中，共享被认为是未来汽车行业的发展趋势。优步等公司正在测试的无人驾驶出租车和货运车已基本成型。对于车队的运营商来说，其人工成本远远高于无人驾驶的费用，无人驾驶的经济效益非常明显。2016 年，传统出租车的价格是 0.9 美元/千米；根据预计，到 2030 年，无人驾驶出租车的价格将是 0.3 美元/千米。此外，无人驾驶所采用的拼车功能将减少车流量而使道路更为通畅。当今，普通车辆有超过 90%的时间处于停放状态，这意味着无人驾驶出租车和发达的地铁系统将淘汰九成以上的汽车。

无人驾驶技术的发展不应该只是"空中楼阁"，为其配备更符合其特性的交通模式势在必行。无人驾驶领域最具潜力的研发模式主要为无人驾驶与共享模式结合的模式，也就是目前 Uber 研发无人驾驶的目的，以及通过智能辅助实现半自动驾驶模式。无人驾驶的普及对产业结构和经济格局的影响极其深远，其生态中的每个子产业都可能在未来 10 年内发生翻天覆地的变化，无人驾驶将带来更加安全、高效、经济的生活体验。而随着共享理念的深入人心，以无人驾驶技术为依托，共享智能汽车的交通新模式正孕育而生。

站在共享经济的风口，从分时租赁模式中蜕变出来的共享汽车迎来了新的发展契机。北京途歌科技有限公司等企业通过投放新能源汽车尝试为用户提供共享汽车。共享汽车在给城市居民的出行带来便利的同时，还满足了无车居民的汽车出行需求。这类产品能够提供 24 小时"无人值守"的智能化租车服务，共享汽车的用户只需要通过智能手机，便能够自助完成预定、取车与还车，此外，共享汽车还支持异地还车、移动支付等功能。

从汽车的利用效率来说，共享汽车可以实现对时间、空间的充分利用，使汽车的使用效率显著提升，同时降低人们的出行成本。对于人口日益增长的城市而言，共享汽车能够减少城市的私家车保有量，从而间接地缓解城市的交通拥堵情况。

但是，共享汽车在实际运营中也面临着一些难题。例如，由于共享汽车主要采用的是新能源汽车，其充电是一个较大的问题。目前，新能源汽车的充电桩屈指可数，如果大面积地扩建充电停车地点，将耗费大量的资源；如果不修建充电桩，又将大幅降低新能源汽车的使用便捷性。此外，分时租赁模式下共享汽车的停车费、违章罚款、坏账等责任问题仍然没有得到有效解决。

无人驾驶技术的成熟和应用，将使共享汽车升级为共享智能汽车，进而一并解决上述问题。面对共享汽车庞大的市场需求，未来的共享汽车只有以智能化为核心，借助大数据、物联网、无人驾驶等先进科技手段，才能掌握市场主动权。智能化是汽车共享的基础，共享理念则是智能化的理想境界。相信共享智能汽车的发展将极大地改变今后人们的出行方式，同时解决交通拥堵、空气污染等城市难题。

普华永道预测，未来汽车产业价值将发生显著变化。以往占产业利润41%的汽车销售业务将下降到29%，而共享出行业务所产生的利润将从10%以下猛涨至20%。类似滴滴、神州优车这样的出行运营商将有机会彻底改变传统的汽车消费模式，通过汽车共享和网络效应占据消费市场，竞争汽车行业的核心地位。因此，滴滴设立研究院大力研发无人驾驶，在各地试验智慧交通技术就在情理之中了。目前，国内部分汽车生产商已有转型为服务运营商的倾向（如吉利汽车）。亿欧智库分析认为，出行服务属于公共领域，国内汽车生产商具备成功转型的可能性。出行市场直接面对终端客户的运营模式将使最先取得网络效应的企业拥有"赢者通吃"的机会。

出行是无人驾驶未来商业应用的一个场景，而物流运输被视为技术应用的主要场景。目前，国内货运物流商仅有中石油、中石化等能源类国企，以及顺丰、京东等少数几家企业拥有自有车队，传统货运大部分仍主要由挂靠车队的个体承担，这种模式已落后于货运需要。布局无人卡车将省去司机成本，带来更高的利润。而集约化运营模式能带来更高的效率，具备更强的商业驱动力。

物流货运场景有自己的特征：由于货运高速路况较为单一，可以在固定的运输路线运营定制化的无人驾驶车辆。在固定的运输路线上运营所需的自主感知、决策技术比在城市道路上运营所需的相关技术要求低。但无人驾驶卡车在控制技术上难点很多。例如，车身长度和重量使车辆本身较难在短时间内做紧急控制处理；同时，胎压、抓地力的不同还需要车载无人驾驶系统发出精确的控制指令。国内企业中已有图森未来、一汽投入无人驾驶卡车领域。

亿欧智库相关分析指出，实现无人驾驶要解决的技术挑战可概括为以下 6 个方面。

（1）降低激光雷达成本，提高产能。

（2）降低高精度地图测绘的成本，提高其运维能力。

（3）提高复杂环境下计算机视觉识别的能力，使其精确度接近人类水平。

（4）加快 5G 通信标准的应用，推进 V2X 技术发展。

（5）提高决策算法的准确性，使汽车具备交互认知能力。

（6）突破数据收集和利用的天花板。

第五章
Chapter 5

FinTech：人工智能的金融之路

在被人工智能影响的众多领域中，金融领域是变革较深的一个。在金融领域，人工智能重新解构了金融服务的生态，不仅降低了客户的选择倾向，而且加强了客户对金融机构服务的依赖程度。从传统的电子化到移动化，再到人工智能时代的智能化，金融领域正在发生着巨大的变化。

5.1　什么是区块链

区块链技术起源于比特币，是在创建比特币的过程中设计的一套分布式数据库技术。区块链的基本原理是采用新的方法，即通过在计算机等设备中安装简易的软件，使数据被分散保管，使同样的数据能够在大量的地方被共同保存。如果使用了区块链技术，那么就无须投入大量资金与时间构建数据保管中心，同时数据的安全性又能得到保障，这是区块链技术最大的优点。在金融业务中使用区块链技术可以使之前需要依靠大规模系统来应对的数据类业务（如余额信息等）能利用低成本又高效的系统来完成。

区块链本身具有高度透明化、不易被随意篡改、可追溯的特点，这恰好是金融领域需要的。可以说，区块链技术是互联网金融领域的重大技术创新，在对现有金融基础设施产生颠覆性"破坏"的同时，更带给金融领域神奇的新变化。

区块链技术在金融领域中的使用，借助于全新的加密认证技术和共识机制去维护一个完整的、分布式的、不可篡改的账本系统，可以让所有的参与者都能够在不需要建立任何信任关系的基础上，通过一个统一的账本系统确保资金和信息的安全。区块链借助分布式记账、点对点（P2P）网络架构、基于计算机算法的协商一致的自治协议、安全的数据管理规范、可持续运行激励机制、开放式系统等确保账本系统对所有的用户（即参与者）都是可信的，从而为交易各方的经济活动建立了相互信任的环境，这对金融领域而言具有十分重大的意义。在传统模式下，金融机构为了获取和维护用户的信任，消耗了大量的人力、物力、财力，还须依托于相关中介机构，包括托管机构、第三方支付平台、公证人、银行、交易所等，但最终成效微乎其微。

区块链技术之所以被称为颠覆性技术主要是因为智能合约。智能合约说明了区块链交易并不仅仅局限于买卖货币方面的交易，未来将会有更多的指令嵌入区块链当中。传统合约是双方或者多方对于某件事情共同达成协议、做出承诺，从而换取某些协商一致的好处，并且任何一方都必须遵循和履行协议中的每一项条款。

智能合约是双方或多方之间以信任为基础而共同达成的协议。智能合约是由代码定义的，也是由代码对合约各方进行约束并强制执行合约内容的。智能合约利用程序算法替代人类执行合同，因此在智能合约中，协议的执行完全是自动完成的，且外力是无法干预的。智能合约需要自动化的资产、过程、系统的组合与相互协调。智能合约包含 3 个要素，即要约、承诺和价值交换，并且有效定义了新的应用形式，这样就使区块链从最初的货币体系逐渐向金融业内的其他领域进行深入拓展，这些领域包括股权众筹、证券交易等方面。当前，诸多传统金融机构开始全面研究区块链技术，从而使传统金融的发展与区块链相结合，实现可持续性。

但是，目前区块链技术尚存有待解决的重大问题。如果将数据分散共享的话，那么当信息量变大、交易变得频繁时，硬件容量与设备处理负荷就会变大，这被称为区块链的可量测性问题。由于该问题的存在，采用区块链技术构建的金融服务与功能有其局限性。区块链技术想要获得突破性的发展，还需要开拓一些划时代的技术革新，以及削减成本以外的应用方法。

5.2 区块链带来颠覆性变革

金融科技在我国最早的定义为"促进科技开发、成果转化和高新技术产品发展的一系列金融工具、金融制度、金融政策和金融服务的系统性安排"。金融业作为一个信息密集型行业，每发生一次全新的信息技术变革都会深刻改变金融业的格局。金融业的发展从脱机业务到金融决策的信息化阶段，再到现在互联网技术的应用阶段都离不开信息技术。

信息技术的不断发展使现代金融业出现了分工，也使互联网和相关软件技术在金融领域中逐渐渗透。近几年，移动支付、众筹、P2P、区块链、量化投资、机器人投资顾问等新兴技术的发展，更是推动了金融业的不断发展和创新，使金融业进入了一个全新的时代。

如果说移动支付、众筹、P2P、量化投资、机器人投资顾问等新兴技术是金融业发展的有效武器的话，那么区块链则是金融业发展的核心武器。过去金融业对于信息技术提出了很高的要求，需要其具有很高的可靠性。如今，金融业对透明性、可靠性和便捷性的要求越来越高，区块链则成为金融业革新的重要武器。

5.3　人工智能重塑金融服务模式

金融实际上就是数据和数据处理，依靠人工智能技术可以使数据和数据处理变得更加智能，不仅通过用户画像能够获得更加精准的客户资源，而且依托智能化的技术服务可大幅提高自身的服务能力。通过智能算法的控制可以降低客户的风险，维护自身的金融安全，创建更加安全可靠的金融服务基础设施。互联网技术的应用促进了金融业的发展，金融机构大力构建金融网络，使客户能够通过互联网了解金融机构的各项业务。从客户的角度来说，客户需要学习金融机构的各种金融工具如何使用，而人工智能技术的发展使金融机构可以利用机器模拟业务人员为客户讲解金融工具的使用方法，从而维护良好的客户关系。

目前，很多理财产品的出现对传统的金融机构造成很大的冲击。许多互联网金融公司纷纷借助人工智能技术，推出更加智能的金融工具，帮助客户做出更加精准的金融决策。

以上介绍的人工智能对金融业的影响主要集中在服务层面，而在金融数据处理的技术层面，人工智能技术也起到了重要的作用。随着数据的爆炸式增长，数据的处理是金融机构面临的难题，解决该问题可以利用深度学习技术和大数据技术，使金融机构不断完善自身的业务能力。人工智能程序的应用将帮助金融机构提高风险管理和数据处理能力，同时还能降低金融机构的用人成本。

国内银行业在人工智能的开发和应用方面可以说是走在金融业的前端。例如，广发银行打造了全行统一的数据挖掘分析平台。该平台通过 SAS 网格技术实现了数据分析的规范管理及数据分析资源的集中优化管理和共享，极大地提高了数据分析、处理的效率，在一定程度上避免了系统资源的重复投入。交通银行推出了采用语音识别技术和人脸识别技术的智能网点机器人"交交"，机器人"交交"可以进行语音交流，也可识别客户并向客户介绍银行的业务，进而改善客户的使用体验。平安银行运用以人脸识别技术为基础的系统在特定区域进行整体监控，以提升银行的安全性。该系统还能识别银行重要客户并实现个性化服务。中信银行引入北京旷视科技有限公司开发的人脸识别系统，可帮助客户办理银行业务中的远程在线身份核查，当客户无法亲临柜面或没带身份证时，可以通过移动终端进行身份验证。

5.4 人工智能重塑金融生态圈

人工智能在金融领域的应用主要表现为自动报告生成、人工智能辅助和金融搜索引擎。从目前金融理财产品的盛行、银行业的低迷可以看出，人工智能正在冲击银行业，虽然线上金融理财产品风险高、受市场波动影响大，但是可以窥见这是未来金融理财的一条通道，并且未来银行网点大幅减少，银行的智能化程度也会越来越高。对于证券业来说，人工智能可以使证券投资领域产生革命性的变革。保险业同样会遭遇这种冲击。人工智能对金融业的影响主要是改变金融业的行业生态、推动金融服务模式的综合性拓展、推动金融业的大数据处理能力、推动金融监管的转型升级等。

投行业及证券业都需要撰写大量的研究报告、招股说明书、投资意向书等，并且这类文书具有固定的格式和模板，利用自动化程序可以省去人工处理的烦琐。首先，利用爬虫程序爬取网页中的年报、数据等信息进行资料收集和数据分析；其次，利用知识图谱技术对爬取的新闻信息进行关联、整合，嵌入模板；最后，进行汇总从而生成报告。

随着机器学习与预测算法结合程度的不断加深，人工智能辅助系统根据历史经验和新的市场信息可以更加准确地预测金融市场的走向，创建出更符合实际的投资组合。此前，计算机只进行简单的统计计算，如今的计算机可以进行海量数据的处理和分析，并结合自然语言处理和云计算技术将问题与市场动态相结合，为人们提供实时的研究辅助。

信息的甄别和筛选对于金融业来说尤为重要，金融搜索引擎就是为了数据和信息的收集、整理和分析而生的。人工智能可以做到有序分级的收集、存储，还能够依据某些算法克服主观倾向带来的影响，从而更好地利用那些真正会对资产价格产生影响的信息。例如，金融搜索引擎 Alphasense 能够从大量数据中寻找有价值的信息，通过对文件和新闻的研究整合投资信息并进行语义分析，从而提高工作效率。

传统的人类投资顾问模式需要高素质的理财顾问来帮助投资者规划符合其投资风险偏好、某一时期资金需求及某一阶段市场表现的投资组合，因此费用高昂，使用者往往局限于高净值人群。智能投资顾问以人机结合的方式提供个性化的辅助决策工具，与传统的人类投资顾问相比具有透明度高、投资门槛低、个性化等独特优势。借助计算机和量化交易技术，智能投资顾问可以为经过问卷评估的客户提供量身定制的资产投资组合建议。

目前，国内在智能金融领域发力的代表性企业包括阿里巴巴、百度、广发银行、平安集团、交通银行等。美国新兴人工智能金融公司肯硕（Kensho）研发了新的分析软件，专业基金分析师们要耗费 40 个小时才能做完的工作，该软件只需要 1 分钟便可完成。Kensho 公司的创始人预测，到 2026 年，计算机将取代 33%～50%的金融从业者。

被很多人称为"宽客之父"的索普与金融学教授卡索夫曾设计了第一个精确的量化投资策略——科学股票市场系统，该系统主要用于可转换债券的正确定价。1967 年，二人合著了《战胜市场：一个科学的股票市场系统》一书，这本书被视为量化投资的"开山之作"。随后，索普将量化投资策略写进程序，将资金的管理推向定量化、机械化和程序化。

利用大量的历史数据、复杂的数学公式及高性能的超级计算机，"宽客们"开始接受运营对冲基金，他们的主要优势就是能够通过对历史数据的分析，建立可以进行市场趋势预测的数学模型。但是，人工智能除了分析历史数据并进行建模之外，还能对市场进行跟踪、收集新的数据、持续优化模型。

5.5　区块链的用武之地

真正实现传统金融向互联网金融转型并不意味着仅仅开发几个App，而是看是否应用了区块链技术。这就表明，互联网金融是建立在区块链技术的基础上，通过利用互联网技术而改变传统金融机构的核心生产系统。

当前，很多传统金融企业还没有真正与互联网接轨。互联网不仅可以改变金融的本质，还可以帮助金融更好地、自主地发挥其价值。金融的本质就是需要通过降低成本、提高效率而为广大人民提供金融交易服务。如前所述，区块链能够通过智能合约降低成本、提高效率，进而帮助人类社会更好地从事智能化的价值交换。因此，区块链技术是金融本质的绝佳体现，只有区块链技术才能帮助金融更好地体现其本质和价值。

目前，我国对于区块链的应用还处于探索阶段，各大商业银行也开始通过自身实验及寻找合作伙伴的方式，把区块链技术作为继"互联网+""大数据""云计算"之后的又一全新工具来推动自身的发展，提升市场竞争力。

2016 年 1 月，中国知名区块链企业 BitSE 率先发布了首个基于区块链技术的真假校验平台，即 Ve Chain 平台。2016 年 3 月，阳光保险集团股份有限公司应用区块链技术作为底层技术架构推出"阳光贝"积分，成为国内第一家区块链积分的发行方和首家应用区块链技术的金融企业。

当前，国外金融机构对于区块链的应用前景非常看好，纷纷开始在区块链技术领域进行布局，并探讨区块链技术在银行、证券等领域的应用，其中应用板块包括支付结算、智能债券、财务审计等方面。

截至 2016 年 11 月，国富银行、花旗银行、法国巴黎银行等全球 60 多家大型商业银行致力于金融领域区块链的开发和应用，以及全球清算一体化行业标准的制定。纳斯达克私人市场开启区块链技术在股票市场的应用测试。Smart Token Chain 公司推出智能合约结算交易所，通过使用智能令牌和区块链技术将全球所有的银行和其他支付系统连接起来。瑞银集团在伦敦成立了区块链金融研发实验室，探索区块链在支付结算等方面的应用。

具体来讲，在区块链技术的创新性应用过程中，银行采取了以下 3 个方面的措施。

1. 形成新的混合型数字货币体系

2013 年，我国五部委联合发文防范比特币风险，并明确"比特币不具备货币属性，是一种虚拟的商品，不具有法偿性"这一特点。即便如此，比特币依然受到国际上各大银行的重视。货币的发展前景可能会出现多种情况，像比特币这类以区块链技术为基础的数字货币更可能是混合型数字货币。

2. 形成新的信用体制

区块链技术通过连接密码保证借款方信息数据的高度安全并且无法篡改，使每一笔交易都能够实现程序化记录、存储、传递、核实、公开等，银行可以基于区块链的这些特点随时获得借款方的信用状况，并且其可靠性远远大于大数据风控的可靠性，可以有效避免客户经理的主观因素在客户信用等级评价中产生的偏离，同时也可以加强道德风险防范。

3. 形成新的支付结算方式

区块链技术的点对点特征能够减少中间环节、降低交易成本，在很大程度上提升了交易效率。区块链在银行支付结算方面的应用使银行形成了一种全新的支付结算方式。区块链是一种分布式的数据存储模式，也可以说它是储存加密货币（如比特币）的交易记录的"公共账本"，因此，区块链所提供加密的转账业务能够让所有人都能得到准确的资金、财产或其他资产账目记录，这样就可以有效地提升支付结算的安全性。

虽然当前对于区块链的应用还处于探索和研究阶段，但是在未来的人工智能时代，区块链在金融领域的应用将会产生更加惊人的改革和创新。

第六章
Chapter 6

医疗服务："看病不再难"

近年来，智能医疗在国内外的讨论热度不断提升。有人提出："尽管安防和智能投顾最为火热，但人工智能可能会在医疗领域率先落地。"医疗健康是人工智能最热的投资领域，从 2012 年至今已经超过 270 起交易。一方面，图像识别、深度学习、神经网络等关键技术的突破带来了人工智能技术新一轮的发展，极大地推动了以数据密集、知识密集、脑力劳动密集为特征的医疗产业与人工智能的深度融合。另一方面，随着社会进步和人们健康意识的觉醒，以及人口老龄化问题的不断加剧，人们对于提升医疗技术、延长寿命、健康的需求也更加迫切。但目前在医疗领域存在着医疗资源分配不均，药物研制周期长、费用高，以及医务人员培养成本过高等问题。对于医疗进步的现实需求极大地刺激了以人工智能技术推动医疗产业变革浪潮的兴起。

6.1　人工智能在医疗服务领域大显神通

在各领域都积极应用人工智能的同时，人工智能在医疗领域的应用创新正在如火如荼地进行着，并在很多实际应用场景中已经见到了人工智能的身影。以应用场景为标准来划分，两者结合较紧密的领域包括虚拟助理、医学影像、病情诊断、药物挖掘、营养学、可穿戴设备、健康管理、风险管理、急救室管理等。下面以虚拟助理、医学影像和病情诊断为例进行介绍。

6.1.1　虚拟助理

虚拟助理是利用智能终端设备模拟医疗助理来解决用户的基本医疗问题。一个比较常见的虚拟助理的例子就是苹果的 Siri 及百度的小度。用户可以通过语音的形式与虚拟助理进行问答式交流，虚拟助理在收到语音信息之后会利用语音识别技术对语义进行分析，并利用模型及语音合成技术给出相应的答复，这是通用型虚拟助理的案例。在医疗领域应用的是专用型虚拟助理，我们可以将专业型虚拟助理想象成一位医生。

在现阶段，虚拟助理还不能诊断轻微疾病，只能为用户提供基础的健康咨询服务。医疗领域的权威人士并不认可虚拟助理，他们认为该产品是通过与用户的语音交互实现咨询与反馈的过程，但是由于用户有时对身体状况的描述不清晰或者自身感知并不明显，从而影响了诊断结果，有可能会造成延误治疗的后果。即便是这样，虚拟助理的应用能够有效控制医疗成本，甚至在一定程度上能够解决目前“看病难”的情况。虚拟助理可以在大量数据分析的基础上提高分析的精确性，也可以通过一些体感穿戴设备增强诊断的准确性，从而减少误诊的发生概率。

6.1.2　医学影像

人工智能在医学影像方面的应用首先是在放射学和解剖学中，这两个专业原本要求操作者如同精准的机器人一样进行模式识别的工作。医学影像容纳的数据信息非常丰富，就算是经验较多的医生在解读时也可能漏掉一些信息。然而，随着图像数据集与计算机视觉的深度结合，只要拥有足够多的数据信息，搭载机器学习功能的设备就能够熟练地做出诊断。在医学影像解读及诊断的过程中，恶性肿瘤相对于整个 X 光片来说所占面积较小、人工识别困难，但是人工智能可以将图片进行分割，然后在分割放大后的图片上进行计算评估，并利用数据库中的信息资源进行比对得出评估结果。伴随着模式识别软件的发展及医学影像识别技术的进步，人工智能有可能比经验丰富的放射科医生更能准确地诊断病情。2017 年 7 月，在国际肺结节检测大赛中，来自中国的阿里云 ET 平台对 800 多份肺部 CT 样片进行分析，最终在 7 个不同误报率下发现的肺结节召回率为近 90%，夺得了此次大赛的冠军并打破了世界纪录。

医学影像与人工智能技术的结合是数字医疗领域的新分支。这一分支的发展无论对患者、医生，还是医院而言帮助都是巨大的。患者可以更快地获得准确的 X 光片、B 超片、CT 片等影像的诊断结果，以便得到更准确的治疗。医生能够更快地读取影像信息从而进行辅助诊断。医院也可以通过云平台的支持建立大型数据库，进而降低诊断成本。相比之下，人工智能不仅能够缩短检测时间，而且能提高影像解读的准确性，帮助甚至代替医生进行分析。

6.1.3　病情诊断

除了虚拟助理、医学影像方面的应用，在病情诊断方面也开始出现人工智能的身影，如微创外科领域中协助医生实施手术的手术机器人。在某些方面，机器人相比人类更具有优势，如对微小创面的缝合，手术机器人可以更加有效而准确地完成手术操作。手术机器人可以分为两个层级：一是由医生控制的手术机器人；二是自主手术机器人，其中，由医生控制的手术机器人系统发展得较为成熟。

在智能问诊方面，人工智能程序以庞大的数据信息为基础来对病症加以判断和诊疗。由于深度学习技术有海量的数据作为支撑，人工智能程序在某些方面的水平甚至可以超越医生。在基因分析和精准医疗方面，李彦宏曾说，目前用基因治病面临较大的问题是大多数已知基因疾病是由单基因导致的，这些病几乎都是罕见病，而大多数常见病是多基因导致的，所以要搞清楚一个病是由哪些基因共同作用而导致的，需要大量的计算。提到大量的计算，人工智能技术就有了用武之地。

6.2　人工智能在医疗服务领域的应用瓶颈

自主手术机器人研究进展乏力有两个重要的技术原因：一是缺少区分和监测目标组织器官的可视化系统，二是缺少能够执行复杂手术任务的智能算法。但是，美国国家儿童健康系统研究的智能组织自主手术机器人内部全新架构的成像系统与智能算法，使自主手术机器人不仅可以制定手术方案，而且可以根据成像系统传回的信息判断组织的变化，进而对手术方案做出调整。

国内类似的智能医疗辅助技术和工具也在研发之中。由中国企业研发的导诊机器人已经面市，有望缓解就诊高峰时医院人手不足的问题。2017 年 3 月，由科大讯飞出品的机器人"晓曼"先后被应用于合肥市第一人民医院及中国人民解放军总医院。"晓曼"基于科大讯飞的智能语音识别、自然语言理解和语音合成等技术，能够进行医院位置咨询、常见病和症状咨询，以及常见知识问询等服务，能够减轻导诊人员重复性的咨询工作，实现对患者的合理分流。

北京进化者机器人科技有限公司研发的"小胖"机器人于 2017 年3 月正式入驻武汉同济医院。"小胖"机器人可以通过人机对话提供医院的科室分布和就医流程展示、播放医院宣传短片，还能够进行自主运动及自主充电等操作。需要说明的是，这款"小胖"机器人在 2016年 11 月引起了国内第一起"机器人伤人"的意外事件。不过，这仅仅是机器人发展过程中的偶然事件，随着相关技术的进步和机器人功能的加强，人工智能改善医疗环境的作用将日益凸显。

人工智能系统可以通过快速的机器学习不断提高医疗的精准性。人类对疾病的诊断往往建立在长时间的学习基础上，人工智能却可以在较短时间内利用并行的算法进行快速的机器学习。机器学习的成长速度远远超过人类医生的成长速度。也就是说，如果几个月前人工智能的诊断速度还只是人类诊断速度的百分之几，几个月后人工智能的诊断速度就有可能接近人类甚至超过人类。

除此之外，人类在诊断疾病时往往会受到环境、情绪、精力和注意力等因素的干扰，人工智能则不会受到这些因素的干扰。特别是在做手术的过程中，机器人的优势会更为明显，可以更好地提升手术的质量。因此，无论是由医生控制的手术机器人还是自主手术机器人，其研发的基本动力都来自人类对提高医疗精准性的内在诉求。

依托人工智能算法的各种医疗辅助设施不仅让人们可以对个人的健康状况进行精准化的把握，而且利用大数据分析技术可以清楚地把握传染性和季节性疾病的发展状况，从而做出相应的预防措施和应对措施。从某种程度上讲，这或许是人工智能与人类日常生活融合最为密切的、最切合实际的、应用最广泛的一个领域，人工智能可以为人类提供高质量、智能化与日常化的医疗服务。从目前的整体发展情况来看，依托大数据和算法技术，人工智能在医疗服务领域的发展主要集中在以下 6 个方面。

（1）大数据与流感的预测。

（2）机器学习与血糖管理。

（3）数据库技术与健康要素检测。

（4）健康管理与生活品质提升。

（5）人脸识别与情绪分析。

（6）医学分析与人类寿命的预测。

近几年，在人工智能医疗服务方面崛起并取得快速发展的企业不在少数，如 Enlitic 公司和 Butterfly 公司。Enlitic 公司是全球首家将深度学习运用于医疗服务的公司；Butterfly 公司计划推出一款智能超声应用，该应用通过人工智能技术可以进行图像分析与解读，达到智能化诊断的效果。

与国外的"智慧医疗"相比，中国的人工智能医疗服务起步较晚，所面对的困难也更为复杂，但从美国的应用实践来看，随着人工智能技术的日趋成熟，中国的"智慧医疗"将会逐渐发展起来，在医疗服务领域中存在的各种问题也会逐步得到解决。为此，不断加强人工智能技术与医疗服务领域的结合已成为我国现阶段医疗改革的一个重要方向。

第七章
Chapter 7

人工智能创作：让不可能成为可能

文本类内容（如诗歌、小说、新闻稿、散文等）是日常生活中最基本的内容形式。围绕文本类内容的生产诞生了记者、作家、编剧等职业。近年来，人工智能开始逐渐参与文本类内容的创作，其创作出的部分内容已很难看得出是由机器创作的。

人工智能在文本类内容生产中的应用主要包括诗歌写作、编剧、小说写作、新闻写作、编程、辅助内容创作等。人工智能在诗歌写作、编剧等方面取得了一些进展，但目前均处于尝试阶段。由人工智能写新闻稿已经在头部媒体中实际应用，具体用于个别题材的新闻生产，人工智能所生产的内容在全部媒体内容中的占比还很小。人工智能在剧本结果预测、前期素材搜集、文本纠错等方面也已经得到应用，未来可能被整合到各种文本编辑器和工具之中。

7.1　让文学创作更容易

如今，人工智能已经能够自动生成古典诗和现代诗，例如，"微软小冰"可以创作现代诗，并于 2017 年 5 月出版了诗集《阳光失了玻璃窗》。

人工智能在编剧和小说写作方面已经有了一些尝试，但完全由人工智能编出的剧本还存在语句不通的问题。

2017 年，纽约大学的一位研究者与一位导演进行了完全由人工智能编剧的实验项目。在该实验项目中，人工智能学习了各种经典剧本之后，自动生成了一个科幻剧本。导演将该剧本拍成了一部 9 分钟的电影 *Sunspring*，并参加了伦敦电影节 "48 小时短片挑战赛"。该剧本中的单个句子是通顺的，但句子之间逻辑混乱，还无法达到合格剧本的基本要求。

目前，人工智能进行编剧和小说写作需要与人类协作完成，人机协作的方式主要有以下 4 种：机器提供编剧建议；人类创作主线，机器填充内容；机器生成初稿，人类进行修改；人机接龙。

人工智能可以根据过往的电影数据为编剧提供方向性的建议，典型案例是众筹电影《不可能的事》。制片方表示，该电影编剧中采用的人工智能工具历经 5 年多的研发，能够创造出迎合观众口味的电影情节。图 7-1 所示为电影《不可能的事》的海报。

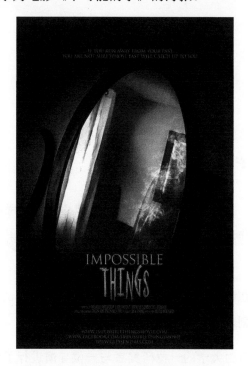

图 7-1　电影《不可能的事》的海报

7.2　让纪实报道更快捷

除了内容创作，人工智能还可以通过收集素材、纠错等方式，在写作前的素材准备环节和写作后的检查环节为人类提供辅助。辅助写作同样能够提高内容生产效率，与机器直接写作相比其技术难度较小，可能会更早地投入实际应用。

人工智能能够辅助新闻工作者收集素材。人工智能通过在网络中对指定关键词进行扫描，筛选出相关文章或图片，进行核实后再分类打标签并发送给记者，由此保证记者不会错过重要新闻，也为记者快速撰稿提供了素材。体育媒体 *GiveMeSport* 就用人工智能扫描 Twitter 上有关球星、球队的新闻内容，根据新闻的重要性打标签，整合后推荐给记者。

人工智能能够辅助语句纠错。2017 年 6 月，百度百家号平台上线了语义纠错功能，该功能通过对作者在百家号上创作的文章正文进行快速校对，帮助作者识别和更正内容中的错别字，准确率达到了 75%。百家号平台此次上线的纠错语义功能能够结合上下文理解词语，找出不符合语义的错别字。例如，"通过锻炼，回复效果比较好"这句话，错别字纠错功能识别不出错别字，但语义纠错功能就会提示"回复"应修改为"恢复"。

此外，人工智能还能够进行个性化内容的撰写。《华盛顿邮报》研发的 Own，能根据读者在网站上的浏览行为为读者推送机器写好的定制化信息和广告，提升内容被阅读或观看的概率。在芝加哥大学的一项研究中，研究者将 Yelp 平台上的数百万条评价用于模型训练，得到了一个能写出以假乱真的商家好评的神经网络模型。

新闻对写作速度的要求较高，机器的写作速度显然比人类的写作速度快很多，因此，国内外多家媒体一直在进行机器写稿的研究。人工智能的发展为此提供了可能，越来越多的主流媒体开始应用机器写稿。此前，机器只能处理财经、体育、地震等内容结构相对固定的领域内的新闻。如今，机器写稿也开始被应用于民生、科技等领域。

与人类写作相比，机器写作的优点在于速度远快于人类且数字出错的概率低。但目前机器所写的稿件存在千篇一律、模板化痕迹重、仅仅对信息重新排列组合、对理解深度不足、缺乏提炼和概括能力、缺乏自主观点、语言中性化、缺少重点与变化等诸多问题。

7.3　让技术处理更高端

人工智能在视频领域的应用主要是预测影视作品的效果、自动拍摄视频、自动剪辑视频等。通过人工智能预测影视作品的效果来指导创作已经有了成功案例。人工智能代替人类自动拍摄视频还难以达到专业水平，只能用于偏娱乐的领域。人工智能自动剪辑视频多处于研究阶段，在专业视频编辑领域还没有实际应用，目前只能生成资讯类的视频框架，由人类在此基础上进行编辑。

7.3.1　自动摄像系统

人工智能可以学习摄像师的拍摄角度，可以对足球等比赛进行跟拍，而后自动生成结构化赛事集锦视频。人工智能摄像系统的效果已经好于以往的摄像系统的效果，但尚未达到专业转播的要求。

美国创业公司 Veo 自主研发的自动拍摄装置，由两个安装在 3D 打印盒子中的 4K 像素摄像头构成，可放置在球场中线附近的 4 米高的三脚架上用于拍摄 180°影像。该装置通过人工智能技术监测球场上的运动状况，通过调整焦距和推拉摇移镜头对比赛进行自动跟踪拍摄；在拍摄完成后，自动将相关素材剪辑成片。然而，Veo 自研装置的分辨率无法达到专业电视的转播要求，所以它更适合在小屏幕设备上分享。

迪士尼研究中心和加州理工大学共同研制出一套自动摄像系统，该系统能够通过观察人类摄像师的拍摄方式学习比赛拍摄中重要的技术，即预测运动员动作。实际测验结果显示，该系统在拍摄球赛的流畅度上要远好于目前市面上自动摄像系统的流畅度。

7.3.2　人工智能剪辑师

人工智能可以对视频进行自动剪辑，也可以根据文字生成视频。这两种方式目前都有尝试性的应用案例，但尚未实现商业应用。

IBM 公司的 Waston 平台为 20 世纪福克斯公司于 2016 年推出的电影 *Morgan* 剪辑了预告片。Waston 平台从 90 分钟的影片中为制作人筛选出了一段长达 6 分钟的预告片。

斯坦福大学与 Adobe 公司联合进行了一项研究，利用面部识别和情绪识别系统对每一帧画面进行分析和标记，之后就可以按照脚本对视频进行自动剪辑，但该研究项目只适用于对话类镜头。

杭州慧川智能科技有限公司开发的在线视频制作平台"智影"可以根据用户输入的文字脚本自动生成视频和配音，生成的视频可以由用户在线进一步编辑和导出。目前，"智影"主要面向非专业人士，在人工智能的帮助下能快速制作简单的短视频。"智影"以辅助功能为主，还不能实现全自动视频剪辑。

在视频作品创作前或在剧本完成后，根据人工智能和大数据预测作品上线后可能达到的效果，对于指导项目的立项和发行有着重要的意义。目前，已有部分公司将人工智能用于网剧效果预测并取得了不错的效果。

杭州新鼎明影视投资管理股份有限公司（以下简称新鼎明）和阿里云大数据团队合作研发的阿里云小 Ai 具备影视投资预测功能。2016年的网剧《因为爱情有幸福》在项目投资前，新鼎明用小 Ai 对已上映的前两季网剧进行了预测分析。小 Ai 对项目各项指标均给出高分，项目顺利立项。之后，该剧在湖南卫视热播。在对网络大电影《爱爱囧事之魔性校园》的评估中，小 Ai 曾打出罕见的高分。后来，《爱爱囧事之魔性校园》在腾讯视频上线仅两天点播量就达到 2000 万人次，在一周内上线的 42 部网络大电影中位居周冠军。

人工智能还能够对电影票房进行预测。比利时的创业公司 ScriptBook 基于剧本分析电影潜在票房并拟出报告，分析哪个角色的塑造可行、哪句对白有份量、哪段情节能给观众带来冲击，同时预测有关剧本的票房收入。同类公司还有 Vault、Epagogix、Pilot 等。北京猫眼文化传媒有限公司也推出了电影票房预测系统，但并不用于指导项目立项和创作，而是用于指导院线排片等。

第八章
Chapter 8
其他应用场景

　　除了前文中介绍的应用场景之外，还有很多人工智能的应用场景也具有巨大的市场潜力，是未来很有前景的发展方向。

8.1　智慧安防

我们日常走过的大街小巷都安装着摄像头，这些摄像头为维护社会治安、打击违法犯罪行为、降低治安隐患贡献了巨大的力量。然而，这些摄像头每日会产生大量的监控视频，对于视频的分析应用一直是重要问题。今天，中国的社会经济处于转型的重要阶段，人口流动性强，城乡格局不断发生变化，种种因素使得国家安防工作的难度加大，所耗费的人力成本和时间成本也越来越高。

8.1.1　视频监控产业链的变化

视频监控系统大致经历了 3 个发展阶段。第一阶段始自 20 世纪 80 年代，视频监控功能的实现主要采用模拟方式，录制的视频在同轴电缆中进行信号的传输，之后在控制主机的监控下实现模拟信号的显示。第二阶段始自 21 世纪初，视频监控实现了远距离视频联网，但仍没有完全实现数字化，录制的视频以模拟的方式通过同轴电缆进行信号的传输，在多媒体控制主机及硬盘刻录主机中进行数据的处理和储存。第三阶段始自 2006 年，随着数字技术与网络技术的发展，视频监控领域的视频技术也进入了高清化与网络化阶段，具体体现为前端高清化、传输网络化、处理数字化和系统集成化。

在技术发展和市场需求的双重作用下，智能化的视频监控设备从诞生到应用仅经历了不到两年的时间，并进一步引起了视频监控产业链的变化。具体而言，视频监控产业链的变化主要体现为以下 3 点。

第一，由于视频监控系统前端的价值大幅提高，产业链上游的芯片生产商开始向下游渗透，自主开发并生产智能摄像头。产业链内的参与者类型逐渐增多，主要体现在人工智能芯片生产商的出现，其将核心算法或者专用芯片等加载于原产品之上，降低了低端设备的技术开发难度。例如，芯片生产商英伟达开发的嵌入式人工智能计算平台 Jetson TX1 可适用于视频监控场景；美国 Acorn 公司设计的进阶精简指令集机器（ARM 芯片）加载人脸识别算法可推出人脸机芯等。

第二，产业链中游开始出现依附于大型视频监控设备生产商或集成商的独立智能分析软件供应商。由于运行视频监控设备之上的智能分析软件的开发难度大、成本高，企业所承担的风险加剧，在智能化趋势之下，针对视频监控设备的智能分析软件的附加值得到提升，独立的第三方软件开发商应运而生。其开发的软件运行载体是视频监控设备，所以软件开发商将与视频监控设备生产商结盟。从企业实力方面来看，此类智能化软件开发商的出现将整个视频监控系统内的企业进行解耦并分散风险。依附于大型视频监控设备生产商或者集成商，小型监控设备生产商的实力将显得更为单薄。

第三，渠道的作用更加明显，集成商的进入门槛变高。随着市场容量的不断扩大，视频监控设备正朝着标准化的方向发展，销售渠道的作用将更加突出。由于视频监控系统十分复杂，集成商需要承担起总体架构设计、协调与运营的工作，所以进入门槛较高，产业内的话语权也不断扩大。视频监控设备生产商因其具有产品系列全、产品质量高、实施经验足等优势，沿着集成商的业务方向顺势做整合则显得水到渠成。

8.1.2　无处不在的安防

近年来，人工智能逐步被应用于计算机视觉技术，使得摄像头不再是视频采集与监控设备，而是成了集视频采集、图像识别与分析、紧急情况预警等功能于一体的智能化设备，不仅降低了视频分析的人力和时间成本，而且真正地实现了即时性。此外，智能摄像头还辅助公安部门破获了许多积压已久的要案。

目前，由于安防工作尚存种种问题，对于技术改良的需求迫切，使得安防成为人工智能落地速度最快的领域，智慧安防的时代即将真正到来。

安防是一个非常大的话题，涉及公共安全、企业安全和民用安全。影响公共安全的事件，又分为自然灾害事件、事故灾难事件、社会安全事件与公共卫生事件。在此基础上，还可以进一步细分。本章中我们所探讨的安防主要是指针对恐怖袭击事件和经济安全事件的安全防范，即针对社会安全事件的安全防范。

8.1.3　让安防更智慧

那么智慧安防"智慧"于何处呢？近年来，以深度学习为代表的人工智能技术取得了突破性进展，人工智能技术开始应用于计算机视觉技术之中，并在安防领域表现出巨大的价值。具体而言，计算机视觉技术应用于车牌识别、特征属性识别、人脸识别和行为识别，进而能够将视频监控数据结构化输出，形成以人、车、物为主体的属性信息，帮助公安部门在事前、事中、事后3个阶段有效应对社会安全事件。

车牌识别是图像处理与字符识别的综合应用，它由图像采集、预处理、牌照区域的定位和提取、牌照字符的分割和识别等组成，主要应用于道路、停车场等。识别效果会受环境光照条件、拍摄位置和车辆行驶速度等因素的影响，有的情况下对识别的实时性要求也很高。

特征属性识别是通过数据调取接口，在实时抓拍图片及视频等资源后做实时或离线二次识别，识别目标的形状、属性及身份等，适用于各种公共场所。特征属性识别使用的电警、卡口摄像头采用了较高的分辨率，拍摄角度越合适、正面状态概率越高，识别的成功率越高。

人脸识别是通过人脸检测将图像分割成人脸区域和非人脸区域，然后将已检测到的待识别的人脸特征和数据库中的已知人脸特征进行比较得出相关结论，主要应用于人证合一、限制环境的情况，如银行开户等。一般来说，人脸识别的有效宽度在 3 米左右，采集到的人脸图像信息的分辨率最好达到 100ppi×100ppi 以上，这样能有效地提高识别率。

行为识别是先检测时空显著兴趣点，在兴趣点的局部区域提取特征描述符，再对提取出来的特征描述符进行聚类形成字典，然后把这些字典进行最近邻量化和直方图特征向量的汇总，最后利用分类器对这些直方图特征向量进行分类训练和测试，目前主要应用于越界报警、踩踏事件、姿态识别等情况。

智慧安防应用的典型案例是旷视科技开发的智慧安防解决系统，该系统适用于"面"布防的应用场景。在对重点区域的智能监控中，该系统能够自动判别危险分子进入前后的异常情况（如人员异常聚集）并及时预警。此外，该系统还能够实现人员滞留的可视化分析、人群行为分析和群体轨迹分析，这些功能在公安部门快速、精准、移动化指挥过程中发挥着重要的辅助性作用。

8.1.4 智能化监控时代

智能化监控主要包括禁区管控和异常行为分析。禁区管控是指通过计算机视觉技术，实时采集和分析交通流量的动态数据，以实现对禁区的实时监控并对违规行为进行实时报警。异常行为分析则能够在人与车辆的监控中实现多种功能，如套牌车分析、交通违章监控、人物行为分类及异常行为预警等。

公安部门拥有庞大的数据库和海量的文字卷宗档案。当需要对卷宗档案进行查阅和分析时，公安部门往往需要安排大量人员进行人工文档的筛查。而后台分析系统能够结合数据进行智能案情分析、统筹资源调配，从而节约大量的人力物力，显著提升工作效率。后台分析系统通常基于人脸识别进行案件管理和串并案分析，通过人机配合提供自定义标签及关键词检索功能，以此缩小研判范围，从而提升检索效率及准确度。后台分析系统可实现单机最快 200 万幅/秒的入库速度，能在亿幅级人脸图像中检索出低质量的人脸图像，包括模糊、残缺、有噪点、暗光、大角度等情况。

后台分析系统如同一位对特定案件有着独特理解的警官，能够根据实战经验对案件要素（如作案时间、作案手段、受害对象等）进行分类。根据这些分类，警方往往可以进行串并案的分析，以便更加精准和全面地描述犯罪嫌疑人的行为特征，加快破案速度。后台分析系统应用的典型案例是北京商汤科技开发有限公司的视图情报研判系统，该系统基于深度学习算法开发而成，通过以图搜图、模糊人脸搜索帮助公安部门快速确认相关人员身份，特别适用于刑侦破案场景。

强大的计算能力是处理海量视频监控数据的基础，而计算能力的高低取决于芯片的性能。视频监控领域使用的主流芯片是 GPU，GPU

相较于传统的 CPU 具有压倒性的优势，使用 GPU 和使用传统双核 CPU 在运算速度上的差距最大可达 70 倍。与 CPU 相比，GPU 能将程序运行的时间从几周降低到一天。目前，市场中已出现针对安防监控开发的 FPGA 与 ASIC 智能芯片，如北京深鉴科技有限公司的分散处理单元（DPU）芯片（FPGA）、北京君正集成电路股份有限公司的嵌入式神经网络处理器（NPU）、中科寒武纪科技股份有限公司的人工智能服务器芯片（ASIC）等。

此外，以计算机视觉为代表的人工智能技术在安防监控领域中的使用可以大量替代过去由人工进行的监测与分析工作。海康威视的调查数据显示，与传统的依靠人工进行视频回看查证相比，使用以车牌搜索、特征搜索为核心的智能化搜索工具和以浓缩播放、视频摘要为核心的智能化查看工具，公安部门在破案时的线索排查效率可提升 20～100 倍。

人工智能技术的应用使得公安部门构建了"点""线""面"布防及后台分析的安防新格局。通过智能化的视频监控系统真正实现了实时监控、分析与预警，极大地提升了安防工作的效率。依托人工智能算法、强大的计算力和海量的视频监控数据，智能化监控时代即将到来。

8.1.5 未来的发展趋势

人工智能重塑了安防领域的产业链，极大地提升了安防工作的效率，但人工智能的作用不仅局限于此，在人工智能赋能下，安防领域的发展将有以下 3 种趋势。

1. 以智能化为基础的高清替代标清仍在继续

从"看得见"到"看得清"的转变不仅能让人看得更清楚，也能让机器更加精确地提取画面中的内容，极大地提高对数据和关键信息的利用率，为视频监控的智能化打下坚实基础。中国安防网（也称 CPS 中安网）的调查数据显示，2012 年，全国高清摄像机（包括 IPC、HD-SDI、HD-MDI 等型号和 720p、1080p、1080p 等参数）总出货量已突破 360 万台，约占摄像机市场总出货量的 20%。2014 年，高清摄像机总出货量约为 920 万台，约占摄像机市场总出货量的 46%。

2. 在智能前置的趋势下，前端价值大幅提高

在大数据时代，数据是一切计算的核心。而在人工智能时代，出于满足实时性处理的需求，以及为了缓解后台存储的压力，生产商们趋向于将计算力前置，即智能前置。

实时处理的需求源自分布在城市各个角落的摄像头在运行时不断地产生着数据，而系统对每个摄像头产生的数据都有很强的实时处理要求。例如，某一个摄像头智能识别到警情后能够快速用现场及周边的摄像头形成对嫌疑人的跟踪，这样就有利于对现场情况的掌握和控制。缓解后台压力的需求则源自对大量视频监控数据的处理。以 1080p 参数的摄像头为例，在 4Mbps 的码率下，中等城市的监控规模一般为数千到数万个摄像头，按 5000 路计算，并发写入码流为"5000 路×4Mbps×24 小时×60 分钟×60 秒"，根据公安部要求录像数据在系统中要保存 30 天以上，中等城市的存储容量为"5000 路×4Mbps×24 小时×60 分钟×60 秒×30 天"，如果前端能实时处理部分视频监控数据将缓解后台存储的压力。

传统的人脸识别产品都是采用前端摄像机抓拍图片、后端服务器计算比对的模式，智能化的摄像机可以不依托服务器而实时进行图像

处理和人脸识别，极大地提高了识别效率。对于数据量庞大、实时性要求高的安防领域，工作效率必将产生质的飞跃。据海通证券预计，未来前端产品在系统中的产品价值将从目前的 30%提升至 55%左右。例如，英伟达的嵌入式人工智能计算平台（Jestson TX1）可用于视频监控场景下的计算。嵌入了 Jestson TX1 的摄像机可以在前端完成图片快速比对、人脸高效识别等，可以实时进行至少 6 万张二代身份证照片的比对。

3. 人工智能时代，应用场景和数据至关重要

人工智能三大基本要素为数据资源、计算力、核心算法，鉴于计算力尚处于突破的瓶颈期，以及底层算法的开源化，场景化的数据资源越来越关键。

随着谷歌的 TensorFlow、微软的 CNTK 等算法框架的开源，计算机视觉的底层算法模型或将逐步走向统一，在无形中也降低了算法研发的技术门槛。目前，人工智能视频技术在无人驾驶、移动支付、视频监控、智慧医疗等领域取得了卓有成效的进展。在诸多领域的推广应用中，国内人工智能视频技术在视频监控领域率先落地。

未来，单纯的算法技术公司将因为缺乏应用场景和数据而逐渐失去价值。从视频监控的产业链来看，上游的芯片生产商开始涉足算法领域，以英伟达为代表的芯片生产商利用底层基础技术使算法不断创新。下游的设备集成商（如海康威视、大华股份）均开始涉足算法领域。传统终端的功能主要是数据采集和传输，相较之下，设备集成商研发的智能终端对特征数据的抓取和数据预处理能力大大提高。随着智能芯片和算法的升级，其自身将具备更多提取特征值和数据压缩的功能，为数据的查找和传输降低门槛。因此，处于产业链中游的纯算法公司的生存将愈发艰难，在上下游的巨头公司中话语权较弱。

8.2　新型零售业态

在计算机视觉、人脸识别、物联网等新技术的推动下，催生了无人超市、无人售货机、新形态零售店等新型零售市场，开创了零售行业的创新之风。其中，无人超市以 Amazon Go 为代表，通过"拿了就走"等自助支付手段，为消费者提供新的用户体验，也为商家节约人力成本。此外，在新技术的发展下，传统自动售货机也有了改进，为消费者提供新的用户体验。

8.2.1　无人超市

一直以来，我们光顾的商店都有店员。然而，亚马逊推出的无人超市 Amazon Go 为公众展示了"拿了就走"的全新购物体验。

亚马逊在 2016 年宣布建立 Amazon Go 无人超市，于 2018 年 1 月正式向公众开放。2017 年以来，国内出现了一大批模仿 Amazon Go 的新型无人超市。这类新型无人超市的共同特点是使用新技术实现了顾客自助支付或后台自动结算，无须人类收银员参与结账环节。

在国内布局这类无人超市的企业非常多，既有创业公司，也有大型零售企业。主流的零售企业尤其是电商，目前都在布局无人超市。7-ELEVEN、便利蜂等便利店选择了在已建的便利店中引入自助支付。如图 8-1 所示为便利店店员调试无人超市的自动门。深兰科技 CEO 陈海波表示，零售业的人工智能升级有两个方面，其一是零售需要大脑，需要记忆和思考；其二是深度学习，自动识别消费者购买的物品，如自动结账等。

图 8-1　便利店店员调试无人超市的自动门

零售业一般由人流、物流、现金流 3 个维度组成，如何在零售业运用好人工智能技术是核心问题。当零售业应用人工智能技术时，除了原本的 3 个维度外，还有数据流。广州甘来信息科技有限公司的联合创始人曹文斌表示："如果人工智能技术仅仅作为数据采集工具，我觉得还不能撼动一个行业或带来巨大的驱动力。只有当我们利用好技术，才能切实帮助零售业解决问题。"

总体而言，无人超市利用机器视觉、生物识别、传感器融合技术实现用户识别和商品识别；利用射频识别（RFID）技术和二维码技术实现智能收银。无人超市的运营模式完全依赖于消费者的诚信行为，风险也相对较高，在基础技术的研发之外，也应该考虑如何降低无人超市的经营风险，同时降低对用户的诚信、素质的依赖，只有这样才能将无人超市更加广泛地应用于各大城市。

8.2.2　无人售货机

除了无人超市，新技术也催生了很多新型无人售货机，在商品品类、封闭性和互动性等方面较之前的售货机有了明显改进。

（1）在商品品类方面，食品零售类和单品零售类的无人售货机比较多。食品零售类无人售货机增加了商品品类，如有的无人售货机使用冰柜销售生鲜，有的无人售货机能够销售热面条等。单品零售类无人售货机则主要销售高频刚需的咖啡、纸巾或毛利率高的红酒等。

（2）在封闭性方面，少部分无人售货机突破了全封闭设计，而是采用了半封闭设计，在拿取商品更方便的同时引入了防盗技术。

（3）在互动性方面，不少新型无人售货机采用了触摸大屏，以便给用户带来更强的互动性；广州甘来信息科技有限公司的智能微超更是加入了人工智能对话机器人和面部识别等技术。

广州甘来信息科技有限公司的智能微超是新型无人售货机的典型代表，主要有以下4个特点。

（1）巨大的触摸屏。作为信息终端，智能微超可以提供便民服务信息等，也可以扩展出广告等功能。

（2）云端管理平台。智能微超可以联网监控商品信息并将信息实时传送到云端，做到随时了解货物信息，将库存周转天数减至一周内。

（3）人脸识别交互。基于人脸识别技术，智能微超可以提供丰富的人机交互体验。

（4）人工智能助手。智能微超融入了基于微软机器人框架的人工智能"机器人小助手"。

8.2.3　新形态零售店

以盒马鲜生为代表，不少电商和零售企业结合新技术在消费场景、运营管理、物流仓储等环节都进行了新设计，开设了一批新形态零售店。这类新形态零售店通常有以下六大共同点。

（1）线上线下一体化。新形态零售店同时具备线下门店和线上 App，顾客既可以在线下门店购买，又可以通过线上 App 下单。

（2）近距离配送。支持 3 千米以内上门配送，一般保证半小时或 1 小时内送到。

（3）引入新区域。在购物区之外，新形态零售店普遍加入了餐饮区、休息区等新区域以吸引消费者到店，同时提供更好的消费体验。

（4）以店为仓。以盒马鲜生为代表，在店内直接安装货物流转装置，从而取消仓库，并通过大数据驱动配货，减少备货。

（5）顾客信息收集。通过人脸识别等手段，收集顾客到店、离店及店内行为等信息，用于了解消费者喜好，进行精准营销。

（6）先进的物流支撑。京东、天猫等电子商务平台都依赖各自建设的 AGV（自动导引运输车）、自动化仓库等先进体系作为物流支撑。

从小型零售店到国内的购物中心、大型商场、超市等，零售业一直在逐步引入室内定位、大数据、移动支付、计算机视觉等新技术，并形成以数据为基础，将线上和线下连接起来的整套智慧商场解决方案。通过智慧商场实现了在前端为顾客提供店铺导航、逆向寻车及定向推送等服务，提升用户体验；在后端收集用户数据，结合大数据分析提升商场的运营管理能力，从而进行用户消费行为分析和精准营销。

多年来，国内已有很多大型商超和购物中心引入了智慧商场方案。北京朝阳大悦城、上海大悦城是国内较早采用智慧商场方案的典型代表，并在此基础上开展了长时间的数据运营。

8.2.4　多层次零售体系

无人超市和自动售货机拉近了与消费者的心理距离。几种不同营业面积、位置和商品规模的新型零售业态与传统零售店共同构成了多层次的零售体系，满足了消费者不同层次的需求。

智慧商场和新形态零售店一般位于距离消费者较远的商圈，其商品品类丰富，可以设置多种服务区以满足消费者购物和休闲的需求。这类店铺的技术改进主要在消费者体验、消费者数据收集、大数据物流等方面。一般超市设在离消费者几百米至几千米的位置，其商品品类不及商场，但库存最小可用单位也能达到 3000 米左右，提供各种日用品和食品。无/有人便利店离消费者比超市更近，库存最小可用单位一般达到几百米，主要销售高频消费的食品等。无人售货机离消费者距离最近，可直接布置在办公楼中，用来销售各种零售品，但商品品类比较少。

基于人工智能和大数据，商家可以通过运营数据进行更精准的店铺运营分析和消费者分析，从而为更精确的备货和营销奠定基础。

在店铺运营分析方面，基于大数据分析，商家可以优化店铺选址，也可以对全网销量及本店销量进行分析，从而预测品牌、品类或单品的销量变化趋势，这样就可以结合店铺自身情况提前调整备货。

在消费者分析方面，店铺管理者可以通过各种传感器收集用户数据。基于大数据分析绘制消费者的用户画像，通过标签对消费者的特征和消费偏好进行标识。基于用户画像，商家可以向消费者进行个性化推送和精准营销。

人工智能还能节约店铺的运营成本。各类无人超市、自助收银设备替代了收银员的工作，虽然不能完全替代店内所有员工的服务、运营管理等工作，但人工智能能够节约店铺的人力和部分运营成本。以 Amazon Go 为代表的混合传感无人零售系统一旦成熟，就有望大量替代收银员的工作。当然，该技术尚未成熟，在客流量大时识别会出现问题，目前仍处于内测阶段。

物流和供应链是体现零售企业核心竞争力的重要环节。规模较大的零售企业普遍采取自建物流的形式以降低成本、提高效率。AGV 等一部分新技术在物流环节已经得到运用，还有很多新技术正处于研发阶段，将这些新技术应用在自动化仓库、自动化运输等方面将为零售业带来更大的便利。

8.3 智慧物流：物流行业的世界大战

电子商务的出现让人们的生活和消费方式出现了很大的变化。中国经济的腾飞促进了消费，也在很大程度上促进了电子商务的发展。随着电子商务的发展壮大，快递行业迎来了春天。在电商平台的加持之下，中国快递行业的发展经历了从量变到质变的过程。而除了经济效益的提高外，快递行业也遇到了不小的困难，尤其在近两年，快递行业正处于一个更新换代的时期。

2016 年 12 月，中国的快递数量已经超过了 300 亿件。这是什么概念？一般来说，全世界每年的快递量大约是 700 亿件，而中国的快递数量几乎占了一半。可以说这是一个非常庞大的数字，而这一数字还会不断地变大，这也决定了中国快递行业必须从劳动密集型向技术密集型转变。主动求变的企业可能会经历一段时间的阵痛，但不求改变的企业很可能会在新时代的浪潮中沉没。

事实上，随着时代的发展，快递行业已经发生了一系列改变。而人工智能技术的应用，使快递行业真正迎来了自己的变革时代。应用人工智能技术的智慧物流成了快递行业变革的一个重要方向和发展趋势。

8.3.1　什么是智慧物流

智慧物流是利用信息技术使装备和控制智能化，从而用技术装备取代人的一种物流发展模式。与传统的物流模式相比，智慧物流能够大幅提高经营效益。智慧物流的概念最早是由 IBM 公司于 2009 年提出。最初，IBM 公司提出建立一个通过感应器、RFID 标签、制动器、全球定位系统（GPS）和其他设备及系统生成实时信息的"智慧供应链"。智慧物流正是从这个概念引申而来的。

在提到智慧物流这个概念时，很多人会将其说成智能物流，事实上，二者存在较大的区别。智能物流更多地强调构建一个虚拟的物流动态信息化的互联网管理体系，而智慧物流则更注重将物联网、传感网和现有的互联网结合在一起，通过精细、科学的管理实现物流的自动化、可控化、可视化和智能化，提高资源的利用率和生产效率。

现阶段，智慧物流已经从一个概念逐渐发展成一种物流行业的重要发展模式。国家相关部门已经出台了《关于深入实施"互联网＋流通"行动计划的意见》《关于确定智慧物流配送示范单位的通知》等诸多政策，这也为智慧物流市场的开拓提供了政策方面的支持。

8.3.2　智慧物流新技术

目前，在智慧物流领域投入应用的新技术有以下 3 种。

（1）AGV 和自动化仓库已经在阿里巴巴、京东等电商企业和申通等物流企业投入应用。

（2）基于计算机视觉检测的长途货车司机疲劳驾驶的监督系统已经开始应用。

（3）基于物联网随时监控货车、货物位置的运输管理系统已经在沃尔玛等企业应用。

未来或将投入应用的新技术有以下 3 种。

（1）由于载重、续航及空管政策限制，无人机主要在偏远地区终端配送方面开展试运营，目前只在偏远地区有个别试点。由于多旋翼无人机的局限，顺丰和京东都在全面布局大型无人固定翼运输机，未来几年有望形成综合多种运输形式的多级物流运输体系。

（2）无人车（如无人小车和无人驾驶货车）尚处于技术突破阶段。

（3）区块链溯源系统是于 2017 年提出的新方案，目前还在建设探索中。

具体来说，仓储中心主要应用的是 AGV 和全自动化仓库。AGV 可以根据订单需要及库存信息，自动驶向货架并将其抬起送到配货站，在国内很多大型物流企业中已经投入应用。

2016 年 8 月，阿里巴巴菜鸟联盟首个全自动仓库在广州开始运转。仓库占地面积超过 10 万平方米，通过一整套自动化系统承接了天猫超市全品类商品的存储和分拣，每天可高效处理超百万件商品，保障华南地区的消费者网购当日达和次日达服务。

在节点间运输方面，下列几种新技术正在研究测试阶段，在未来有可能投入应用。

（1）沃尔玛引入了路径优化系统（ROS），该系统在安排运输时，可同步规划商品到店的最优路线，以减少运输时间。

（2）近两年，无人驾驶货车兴起，沃尔玛申请了关于无人驾驶货车队列的相关专利，图森未来等企业也在研发并测试无人驾驶货车。

（3）在偏远地区或山区，无人机的运送效率比汽车的运送效率更高，因此，亚马逊、京东、顺丰等都在持续研究无人机货运技术。由于多旋翼载重量小、航程短，主流货运无人机已经开始采用复合翼的气动布局形式。

在终端配送方面，无人机、无人车目前都处于测试阶段。2017年6月，京东在中国人民大学的校园进行了智能无人车装载快递测试。无人车可以自动行驶到用户所在的位置并发短信通知用户取货。但目前无人车存在速度慢、在复杂环境中稳定性差等问题，尚无实际应用案例。在偏远地区使用无人机进行小型包裹的配送，是各家物流企业持续布局的方向。2016年9月，中国邮政联合杭州迅蚁网络科技有限公司在浙江省安吉市试运营无人机配送，同年11月，京东在北京市通州区进行了无人机配送的试运营。但是，无人机本身的续航能力有限，更适合在物流的终端进行投送。亚马逊的一项专利提出了先由其他移动平台装载无人机到达终端，再由无人机实施终端配送的方案，但是尚无实际应用案例。

短期内，无人车和无人机在城市中还无法取代人类进行终端配送，但其在一些乡村和偏远地区有望优先落地应用，呈现"农村包围城市"的局面。

另外，区块链与物流的结合也被提出并在建中。2017年3月，沃尔玛宣布同 IBM 和清华大学合作，共同探索区块链食品溯源解决方案。同年6月，京东携手多家品牌商搭建"京东区块链防伪追溯开放平台"。基于区块链技术，每件或每批次商品从生产环节开始进行信息采集，将主体数字签名和时间戳写入区块链，直至交付到消费者手中。每个参与区块链的实体都能看到其中每个环节的信息，并且信息不会被人为篡改，这对于保证商品的品质有着重要意义。

8.3.3 智慧物流的企业之战

面对远大的市场前景，已经有许多电商平台和物流企业开始了对智慧物流的探索，并取得了很多实践成果。阿里巴巴、京东和顺丰是智慧物流探索的"排头兵"，已经在智慧物流方面取得了显著的成就。

在过去 10 年中，物流行业发展速度之快，堪称奇迹。在未来 10 年中，物流行业的重要性不会减弱，所以想要取得新的发展就要大力发展智慧物流。

菜鸟网络的建立是阿里巴巴发展智慧物流的重要举措。2017 年，阿里巴巴确立了菜鸟网络的定位。阿里巴巴官方对菜鸟网络的新标志给出了自己的解释：它融合了货物和数据的流动，包含了人工智能和世界通用的技术语言。这也意味着菜鸟网络将会持续运用大数据和人工智能技术推动智慧物流的升级。

事实上，菜鸟网络在智慧物流方面的确做出了许多成绩，先后推出了电子面单、智能分单、智能发货引擎、物流云等与智慧物流相关的技术产品。在具体的配送环节上，菜鸟网络还推出了一项代号为"ACE"的未来绿色智慧物流汽车计划，通过为新能源物流车配备"菜鸟智慧大脑"，可以让汽车与司机通过语音交互实现智慧运输。

京东自然也不会放过这块智慧物流的"大蛋糕"。事实上，京东对智慧物流的探索甚至要早于阿里巴巴。2016 年年底，京东成立了 X 事业部，专注于智慧物流技术方面的研发和应用，经过一段时间的发展，京东在智慧物流领域取得了跨越式的发展，搭建了以无人仓、无人机和无人车为主的智慧物流体系。

京东拥有自己的智能物流机器人生产制造中心，各种不同类型的智能物流机器人在生产线上完成装配。目前，京东已经开始批量生产智能物流机器人，并且已经完成了调试工作，不少智能物流机器人已被投入使用。在京东的无人仓中，搬运机器人、货架穿梭车、分拣机器人、堆垛机器人、六轴机器人等一系列智慧物流机器人协同配合，通过人工智能、深度学习、图像智能识别、大数据应用等技术，使智能物流机器人可以对各种复杂的任务进行自主的判断和行为，在商品分拣、运输、出库等环节实现自动化。

2017 年 2 月 21 日，京东和陕西省政府签署了《关于构建智慧物流体系的战略合作协议》。在这份协议中，以无人机为运输主体的物流成了一个引人注目的亮点，京东将陕西省作为京东智慧物流体系的起点，然后逐步辐射到全国。京东将在陕西省建立无人机飞行基地，大型无人机配送也成了双方重点合作的一个项目。

与无人机相比，京东的无人车则更受到用户的喜爱。2017 年，京东无人车现身中国人民大学。几个无人车大小不一，但在形状上都呈长方体，大多类似于动画片中的火车头，红白相间的车身上印有"京东"的字样，同时在车身上还多了一个"JDX"的符号。这些便是京东 X 事业部投放的首批无人车，这也标志京东的无人车迈出了正式运营的第一步。

京东的无人仓、无人机、无人车都在持续不断地研发中，虽然在短时间内无法达到全面批量生产的地步，但未来人工智能的发展必将带动物流领域的革新，而这种革新正是对物流配送服务中基础设施的革新。虽然探索的道路异常艰辛，但京东智慧物流的未来是一片光明。

除了阿里巴巴和京东，作为快递行业的龙头企业，顺丰也十分重视对智慧物流模式的研发。2016 年，顺丰投入了 5.6 亿元进行业务流程的优化及专利技术的研发。截至 2017 年 5 月，顺丰已经在无人机领域取得了 64 项专利。顺丰始终将物品存储、分拣和运输系统的研发作为智慧物流的核心。

2017 年 5 月，京东联合中国物流与采购联合会联合发布了《中国智慧物流 2025 应用展望（蓝皮书）》，指出 2016 年的物流数据、物流云、物流技术服务的市场规模已经超过了 2000 亿元，预计到 2025 年，中国智慧物流服务的市场规模将超过万亿元。

对消费者来说，智慧物流缩短了货物的运输时间，让我们享受到更加便捷的物流服务，而智慧物流的发展究竟将走向何方，我们拭目以待。

8.4 机器翻译：走遍天下都不怕

8.4.1 机器翻译的来源

机器翻译源于对自然语言的处理。自然语言处理是计算机科学与人工智能研究的一个重要方面，研究的主要目的是实现人机对话，使机器能够"懂"各种语言。自然语言处理（Natural Language Processing，NLP）是人工智能的一个子领域，可简单理解为使机器能理解人类语言（如汉语、英语）的技术。例如，两个不同国家的人由于语言差异无法直接进行沟通时，可以利用机器进行翻译，克服异国沟通障碍；如果电视机能理解观众的语言，那么观众就可以不用通过按钮来遥控电视机，而可以直接通过说话来选择自己喜爱的节目。

对自然语言处理（也称自然语言理解）技术的探索，可以追溯到 20 世纪 40 年代。该技术是计算机出现后才有的一种新技术，随着计算机的不断发展，这方面的探索也取得了一系列进展。近 20 年随着互联网技术的发展，自然语言处理技术得到了长足发展，有力地促进了网络核心能力（如信息检索能力）的增强。刚开始，人们在搜索引擎中输入关键词时，所得到的结果往往是大量与所需无关的信息。后来这种现象越来越少，所搜索到的基本上都是最贴近搜索者需求的信息。这种搜索质量的提升就是自然语言处理技术不断改进的结果。

自然语言处理技术在应用的过程中存在很多难题，主要表现在词义的模糊性和多义性影响了语义的理解。尽管通过设定具体的语言情境可以消除一词多义的情况，但是词义消歧需要大量专业的语言学知识作为基础，还需要不断地推理和学习，而进行词义的搜集、整理是一项非常繁重的工作。

1949 年，洛克菲勒基金会的科学家沃伦·韦弗（Warren Weaver）提出了利用计算机实现不同语言之间自动翻译的想法，并且得到了学术界和产业界的广泛支持。韦弗的观点代表了当时学术界的主流意见，即以逐字对应的方法实现机器翻译。语言作为信息的载体，其本质可以被视为一套编码与解码系统，只不过这套系统的作用对象是客观世界与人类社会。既然不同语言描述的对象是一致的，其区别就在于读音和字形的不同。因此，可以将字/词看成构成语言的基本元素，每一种语言都可以解构为由所有字/词组成的集合，通过引入中介语言的方式，把所有语言的编码统一成用于机器翻译的中间层，从而实现不同语言之间自动翻译。例如，同样是"自己"这个概念，在汉字中用"我"来表示，在英语中则用"I"来表示，机器翻译的作用就是在"我"和"I"这两个不同语言中的基本元素之间架起一座桥梁，实现准确的对应。

然而乐观和热情不能克服现实存在的客观阻力，从今天的视角来看，这样的一一对应未免过于简单。同一个词可能存在多种意义，在不同的语言环境下也具有不同的表达效果，逐字对应的翻译在含义单一的专业术语上有较好的表现，但在日常生活的复杂语言中就会化为一场"灾难"。1964 年，美国国家科学院的下属机构语言自动处理咨询委员会通过调查研究，给出了"在目前尚无充分的理由给机器翻译以大力支持"的结论，全面否定了机器翻译的可行性，并建议停止对机器翻译项目的资金支持。经过了概念的热炒之后，机器翻译陷入低潮。

进入 20 世纪 70 年代后，全球化浪潮的出现催生了对机器翻译的客观需求，计算机性能的发展则突破了机器翻译的技术瓶颈，机器翻译重新回到人们的视野之中。这一时期的机器翻译有了全新的理论基础。语言学巨擘诺姆·乔姆斯基（Noam Chomsky）在其经典著作《句法结构》（*Syntactic Structures*）中对语言的内涵做了深入的阐述，他认为语言的基本元素是句子而非字词；在一种语言中，无限的句子可以由有限的规则推导出来。语言学的进化也对机器翻译的方法论产生了根本性的影响。韦弗推崇的基于字/词的字典匹配方法被推翻，基于规则的句法分析方法在机器翻译中开始被广泛应用。

这里的"规则"指的就是句法结构与语序特点。显然，基于规则的机器翻译更贴近于人类的思考方式。人类通常会把一个句子视为整体，即使对其进行拆分也并不简单地依赖字词，而是根据逻辑关系进行处理。这使得人类翻译非常灵活，即使不符合语法规则，甚至存在语病的句子也可以翻译得准确无误。基于规则的机器翻译因为和人类的翻译思路一脉相承，刚一诞生便受到推崇，似乎成为解决所有翻译难题的不二法门。但基于规则的机器翻译很快遇到了新问题，在面对多样句法的句子时，并没有比此前基于字/词的字典匹配方法优秀多少。

8.4.2 机器翻译的领军企业：谷歌

基于规则的机器翻译所遇到的问题迫使研究者们重新思考机器翻译的原则。语言的形成过程是自下向上的过程，语法规则并不是在语言诞生之前预先设计出来的，而是在语言的进化过程中不断形成的。这促使机器翻译从基于规则的方法走向基于实例的方法。既然人类可以从已有语言中提取规则，机器为什么不能呢？眼下基于深度学习和海量数据的统计机器翻译已是业界主流，这个领域的领军企业则是著名的互联网巨头——谷歌。

某种程度上来说，谷歌翻译（Google Translate）是时下大火的AlphaGo 的"师父"。诞生于 2001 年的谷歌翻译在起初几年一直不温不火，直到 2004 年迎来新掌门弗朗兹·欧赫（Franz Och）后，这种状态才被改变。

欧赫是一位计算机专家，和语言学并不沾边。欧赫还在亚琛工业大学攻读博士学位时就开发出一个机器翻译系统，这个系统在美国国家标准与技术研究院组织的第一届机器翻译系统评测中夺魁。在欧赫看来，统计机器翻译的决定性因素永远是数据规模，句法规则知识对系统的作用相当有限（如果不是反作用的话）。独立于语言的算法使计算机专家无须通晓语言，只需算法就可以得到理想的翻译结果，而谷歌作为搜索引擎，其所拥有的海量数据规模使欧赫的统计机器翻译得以大展身手。

2005 年，谷歌翻译第一次作为参赛选手参加了由美国国家标准与技术研究院主持的机器翻译系统测评。事实证明，谷歌翻译是一匹"黑马"。谷歌翻译的得分在从阿拉伯语到英语的翻译中领先了第二名将近 5%，这 5 个百分点意味着技术上 5～10 年的差距；更令人惊叹的是在从中文到英语的翻译中——机器翻译最难的一个领域，谷歌翻译的得分领先第二名达到 17%，这个差距已经超出了一代人的水平。

谷歌翻译是欧赫的杰作，可参赛的另外两个系统也与欧赫密不可分。亚琛工业大学的系统是欧赫读博士期间的作品，南加利福尼亚大学的系统则是欧赫做研究教授时开发的。由于时间相差不久，欧赫在谷歌公司开发的系统不可能与这两个系统有实质性的差别，那么，谷歌翻译为什么会比它的"姊妹"系统高出一筹呢？其原因就在于谷歌所拥有的海量数据，足够的数据使欧赫能够在原始算法的基础上增加参数的数量，进而提高翻译的效果。

大部分的商业翻译系统是基于统计规则的机器翻译，而谷歌翻译的基本原理是先做大量的词汇与词法的工作，利用大量平行语料的统计分析构建模型，再将文本输入这个模型中进行翻译。生成译文时，需要先在大量人工翻译的文档中寻找模型并进行合理的猜测，再得出恰当的翻译结果。这些文字来自学术机构和政府等组织提供的人工翻译过的双语文本，涵盖目标语言的文本和对应翻译文本中现有的人工翻译文本。针对特定语言可供分析的人工翻译文本越多，译文的质量就越高。通过对模型构建算法及数据处理架构的改进，谷歌翻译的效果不断地提升，其"第一机器翻译系统"的评价可谓实至名归。然而，已经处于巅峰的谷歌翻译并未就此止步，2016 年，谷歌推出了全新的神经机器翻译，实现了又一次的突破。

8.4.3　自然语言处理的发展方向

有业内人士指出，自然语言处理今后可能朝着两个互补的方向发展，即大规模语言数据的分析处理能力的方向和自然的人—机器交互方式的方向。

大规模语言数据的分析处理能力指的是建立在自然语言处理基础上对语言信息进行获取、分析、推理和整合的能力。这类应用涉及制造、农业、能源、金融和服务等各个行业。以智能制造业为例，在产品的制造过程中，工艺、设计、加工和销售等各个环节都会产生大量的数据，其中很大一部分数据是以自然语言的方式存在的。要想实现生产组织全过程的正确决策，关键要自动分析并理解这些语言数据。自然的人—机器交互方式指的是建立在自然语言处理基础上的人与机器之间的交互方式，将自然语言作为人—机器交互的自然接口。目前，在人工智能使用方面，通常都是先赋予产品某项功能。这种功能是事先由专门为机器设计的语言编写程序来实现的。当用户在使用该产品的这项功能时，须先进行按键选择，让产品领会并执行用户的指令。

自然语言处理是计算机科学、人工智能、语言学的交叉领域。目前，它还面临着很多挑战。但我们可以相信，随着人工神经网络技术的进一步发展，将来的机器会变得越来越聪明，从而引导人工智能应用到社会生活的方方面面。

8.5 人工智能推动下的智能工厂

近几年，国家大力推动制造业的转型升级，力争使我国制造业快速进入全球产业链的高端领域，平稳增长的机器人产业由此迎来了一个新的拐点。

当前，工业机器人在汽车零部件、电子电器、化工、金属加工、电子、机械等领域有着十分广泛的应用，尤其是在汽车零部件和电子电器两大领域中，工业机器人的应用数量几乎占据了所有工业机器人应用数量的一半以上。相关统计机构发布的数据表明，2000 年，中国工业机器人的保有量仅 3500 多台；而 2011 年，中国工业机器人保有量增长至 7 万台以上；到了 2013 年，中国工业机器人保有量约为 13 万台；2018 年，中国工业机器人保有量更是达到了 80 万台。

8.5.1　大数据与云计算助力工业机器人的发展

将大数据与云计算技术应用到制造业后，企业不但可以对产品生产流程的各个环节进行实时监测，以便及时处理各种问题、对产品进行优化设计，而且能让企业拥有高效处理合作伙伴及广大消费者反馈的非结构数据的能力。智能机器人可根据外界环境的变化自动进行调整，从而有效降低对人类的依赖。未来将出现更多的无人工厂、数字化生产车间，它们可以根据订单需求自动完成产品的加工和生产。

1. 由工业机器人组成的生产系统可以为企业提供完善的产品解决方案

随着信息技术的进一步发展，接入互联网中的工业机器人将更加有效地协同工作，由此组成更为庞大、更为复杂的生产系统，以满足日益多元化及差异化的产品生产需求，并为企业提供更为完善的产品生产解决方案。

2. 工业机器人生产成本快速下降

工业机器人相关技术及生产工艺的逐渐成熟使工业机器人的性价比得到有效提升，企业引入全自动工业机器人的成本降低。目前，中国制造行业的领军者正不断加快高端制造技术的研发及自动化产品的生产，其生产的机械手及工业机器人以年均60%的速度迅猛增长，掀起了众多制造业企业"机器换人"的新浪潮。

由于工业机器人在精细化、信息化、智能化方面具备的巨大领先优势，使其在生产实践中较传统机械设备具有更高的效率、产品质量，从而有力地提升企业品牌的溢价能力，为企业带来更高的收益。

3. 工业机器人应用领域不断扩展

随着智能化程度的不断提升，工业机器人的应用范围从最开始的汽车制造业逐渐拓展到更多的领域，如纺织、食品、航空航天、国防军事等领域。未来，随着技术的不断突破及劳动力成本的提升，工业机器人的应用范围将扩展到人类生活中的各个方面。

4. 人—机关系发生深刻转变

未来工业机器人操作系统及控制系统的设计更趋标准化及平台化，人们甚至可以通过以手表为代表的智能穿戴设备对工业机器人进行一系列操作。在产品生产过程中，人类与工业机器人合作完成目标将成为主流发展趋势，工业机器人技术的不断成熟会使人类与工业机器人之间建立足够的信任，进而引发人—机关系的深刻变革。人—机关系的深刻变革主要有以下两个方面。

其一，提升工业机器人的精度、适应能力、响应速度等，优化机器人在可操作性及人机交互性等方面的性能。媒体公布的数据显示，工业机器人从出现至今，价格降低了将近50%，定位精度提升了61%，平均稳定运行时间提升了 137%。毋庸置疑的是，随着相关技术的持续突破，未来工业机器人的上述指标将会获得极大地提升，工业机器人甚至有可能演化成为生产流程中的一个随插随用的标准零部件，在工业生产中发挥不可取代的关键作用。

其二，增强工业机器人的信息化及智能化水平，拓展工业机器人的应用范围，开启人—机共融新时代。随着第四次工业革命的不断深入，人—机共融成为工业机器人领域研究的一个重要方向，同时也是众多创业者、行业巨头及资本市场重点关注的发展方向。在工业机器人领域，人—机共融的实现将赋予工业机器人像人类一样学习新技能的能力，能够极大地满足各种差异化的生产活动，工业机器人也不再只是冰冷的机器，而将成为人们在工作岗位中的重要合作伙伴。

8.5.2 云计算协助智能工厂

同为新一代信息技术的云计算技术和大数据之间存在着密切的关联。整体来看，云计算技术是为了有效应对呈几何式增长的数据资源而创造出的一种全新的信息处理技术。

云计算技术是一种建立在信息化网络技术与计算机技术基础上的综合性技术，它使企业能够将无序、离散的数据整合起来，并从中筛选出有价值的信息，为企业管理层的决策提供实时、精准的数据支撑。云计算提升了大数据应用空间及价值变现能力，使表面上看似毫无关联的杂乱信息变成了存在较高价值的数据资产，推动了工业信息化的发展进程。

借助云计算，企业能够根据人们的个性化需求将开放的数据信息提供给有相应需求的人，从而使得大数据的应用更加人性化及智能化。

将大数据及云计算技术应用在制造业可以让企业对产品的整个生产流程进行实时、精准的控制，从而有效解决潜在的问题及风险。更为关键的是，大数据让企业能够灵活、高效地处理海量的数据信息，增强企业的决策科学性及有效性，发现更多的潜在消费需求，从而让企业能够生产出更加符合市场需求的优质产品、开发一系列增值服务等。

从微观角度而言，有了大数据与云计算技术，制造业企业的数字化转型进程将进一步加快，产品的生产流程将得到进一步优化，大幅度提升企业应对市场变化及外部竞争的能力，为企业从产业链中最低级的加工制造环节，向溢价能力更高的高级定制化生产及增值服务方案供应环节的转变打下坚实的基础。

从宏观角度而言，大数据及云计算技术在整个国内制造业企业中的全面应用，将有力提升中国制造业的发展水平，使工业生产更加高效、安全、低成本，使供给与需求高度匹配，从而推动中国制造业完成从劳动密集型向智力与资本密集型的现代制造业转型升级。

2017 年年初，在杭州优海信息系统有限公司（以下简称优海信息）的技术支持和服务下，奥星集团成功实施了场景式智能工厂。如今，奥星集团的工厂全部使用 3D 动态虚拟场景整体呈现，3D 动态虚拟场景与企业资源计划（ERP）系统、制造执行系统 MES、数据自动采集系统、阿里云服务器集成与通信，用数据驱动人、机、料的 3D 场景运动，并与工厂现场实景完全同步。虚拟、现实、数据的成功对接使奥星集团的工厂真正实现了智能化管理，具备设备及工艺数据实时预警与监控、调度和生产现场优化布局调整等功能。

优海信息根据其智能工厂建设的经验，总结出了精益化、自动化、智能化、场景化的"四化"建设路径。在其场景化建设路径中应用了人工智能、虚拟现实、大数据、云计算等技术。通过场景化建设路径助力企业整合横向和纵向价值链，为工业生态系统重塑和实现"工业4.0"构筑了一条坚实之路。

8.6　真正的客观世界——虚拟现实

虚拟现实是一种仿真系统，在该仿真系统中，用户可以利用计算机创建和体验虚拟世界。这种虚拟世界具有 3 个特征，即实现了多源信息融合、可进行交互式体验、呈现三维动态视景和实体行为。所以，虚拟现实是人们通过计算机对复杂数据进行可视化操作和交互的全新方式，也是对传统的人机交互方式的超越。

　　虚拟现实技术可以利用计算机来生成人们能真实感受到的视听等感觉。操作者可以借助设备或装置感受虚拟世界（也称虚拟环境）的"真实"，能够在虚拟世界中进行体验或与之进行交互。计算机硬件环境不仅是生成虚拟环境的基础，而且能确保在后续的体验和交互中可以根据外物的变化迅速做出反应。当操作者在体验和交互的过程中移动位置或者利用装置进行操作时，虚拟世界会根据操作者的反馈进行实时运算，传回精准的 3D 图像。

　　虚拟现实技术是跨领域集成的产物，涉及计算机图形学、人机交互技术、传感技术、人工智能等多个领域。由于人工智能的快速发展，虚拟现实也成了投资者和创业者关注的焦点，成功引导大批开发者投身虚拟现实技术相关项目的开发中。

　　虚拟现实技术也逐渐被应用到实际生活中。由于虚拟现实具有沉浸感、交互性和构想性等特性，已成功应用于医学教学，可借助虚拟现实实现情境教学法、模拟仿真教学法和超现实环境教学法。例如，在人体解剖模拟训练中的部分教学使用的就是情境教学法，深圳大学的基因工程学虚拟实验室则利用了模拟仿真教学法。

　　除了在医学教学方面的应用，虚拟现实也可用于医学就诊时的辅助治疗。美国斯坦福大学联合软件公司 Lightaus 开发了虚拟现实（VR）心脏病辅助治疗系统，该系统有利于医患互动，可以让患者在诊断和治疗中清晰观察到心脏和内部、心脏周围的血管运动和心脏存在的缺陷等，加强患者对病情的重视。

　　目前，国内虚拟现实在游戏领域应用较为广泛，并取得了显著的成果。在商场里经常可以看到可穿戴的 VR 设备，这些设备能够让操作者沉浸在游戏世界中。

　　Oculus Rift 是一款与游戏相关的虚拟现实产品，可通过 3 种接口与计算机或游戏机相连，借助头戴式设备为玩家提供虚拟世界的体验。Oculus Rift 在技术方面由 Unity3D、Source 引擎等提供开发支撑。因此，在玩家使用的过程中几乎感受不到屏幕的存在。

与 Oculus Rift 类似的 HTC VIVE 也是一款配备头戴式设备的虚拟现实产品，该产品在 2015 年世界移动通信大会期间推出，能够为客户提供支持服务，同时具备手势追踪功能，并于 2016 年推出了商业版套装，开始向企业用户进行推广。

人工智能商业化的未来趋势

　　党的十九大报告指出"推动互联网、大数据、人工智能和实体经济深度融合"。一方面，随着制造强国建设步伐的加快将促进人工智能等新一代信息技术的发展和应用，助力传统产业转型升级，推动战略性新兴产业实现整体性突破。另一方面，随着人工智能底层技术的开源化，传统行业将有望加快掌握人工智能基础技术并依托其积累的行业数据资源实现人工智能与实体经济的融合创新。面对快速发展、不断变化的人工智能时代，我们应该重新认识并学习新时代下的商业模式和企业经营思维，以便更好地把握市场机遇。

第九章
Chapter 9
信息时代的管理新格局

　　生产资料、劳动力与资本一直被认为是企业生产运营最重要的生产要素。特别是在卖方市场中，企业往往更关心如何提高生产效率与降低成本，很少有企业会花费大量时间和资源通过市场调研等方式来获取消费者的真实需求。即使是在买方市场中，由于需求信息的收集与开发往往过程困难、价格昂贵且效率低下，尽管企业都认为充分的信息是克敌制胜的法宝，但只有少部分企业能够充分利用这种有价值的资源。在信息时代，信息所具备的资源类生产要素的属性具有类似于工业时代中生产要素的特征。信息作为生产要素的独特之处主要表现在非排他性的供给和区别于传统的生产要素的供给。

9.1　信息时代的机遇与挑战

数字化浪潮给世界经济带来了深远的影响，对不同的国家造成的影响不尽相同，这与国家的信息化基础（如网络普及）及消费总体水平（如消费者的可支配收入、受教育程度等）有关，但总体趋势是全球都处于数字化带来的福利之中。例如，信息技术与互联网技术的发展与创新不仅促使生产率提高，而且创造了全新的数字产品与服务市场。与西方国家相比，中国更可以利用这一后发机遇实现技术和产业的跨越。同时，还需要借鉴西方国家已有的发展经验，如掌握标准制定权、保护消费者隐私、降低新技术采纳风险、打造信息更加透明的市场，从而提升投资决策的准确性和整个经济体内部的资产配置效率等，确保此轮经济转型的成功。

总体而言，机遇与挑战并存。我们应该认识到，创新变得越发频繁和激烈，其不可预见性更强。许多产业可能会或早或晚地进入"破坏性创造"的时期，企业之间的竞争将会更加激烈。这既是企业、产业与国家发展的机遇，又是重大的挑战。谁能更好地适应新的环境与规则，谁就能获得无与伦比的竞争优势。

9.1.1　信息时代的机遇

信息时代的新兴技术通常在以下 4 个方面有着巨大的优势和价值创造潜力。

1. 降低交易成本

互联网使企业、客户、研究机构和公共部门能够立刻展开沟通与合作，并从电子商务、众筹、互联网驱动的供应链管理等方面推动生产率提升，同时也促使生产商直接与客户合作，减少中间环节。

2. 使用大数据分析

使用大数据分析可以优化决策系统和客户管理方式。机器和人类以同样的方式形成巨大的数据量，拥有获取和分析这种信息能力的公司能够提高决策的准确性，并在几乎不增加成本的情况下提升市场洞察力。例如，大数据能够准确和低成本地分析借贷给小企业和个人的信用风险；大数据也能通过客户以往的习惯提供个性化的方案。

3. 满足长尾需求的能力

互联网的普及和自动化交易的能力使企业在满足多样化的市场或面临定制产品的需求时更加节约成本。

4. 降低行业进入壁垒

互联网极大地降低了行业进入壁垒，使开办新企业更加便捷，也便于企业间展开良性竞争及扩大企业规模。从云计算到支付系统，互联网让企业能够获得低成本的资源。然而，尽管互联网降低了小企业的入行障碍，但也引发了"赢家通吃"的动态变化。一些市场可能出现分化，大量的小玩家处于市场的底部，只有少量的企业占据主要的市场。高强度的竞争使一些商业模式加速走向衰亡，适应能力较差的企业很快会被市场淘汰。

近年来，随着大数据技术的发展，人工智能技术发展所依赖的数据量大幅增加。同时，人们在存储、追踪、分析技术等领域的投资也有了大幅增加。2014—2015 年，致力于数据驱动项目研发的公司数量增长了 125%，企业在数据领域投入的资金也有了大幅增长，平均为1380 万美元。据预测，到 2021 年，大数据技术及服务市场的市场规模将达 4920 亿元。

为了更好地研究人工智能给企业带来的影响，Narrative Science 公司做了一项调查，调查对象为 230 名商业领域及技术领域的高管，这些高管来自各行各业。通过调查，汇总出了人工智能影响企业运行的4 种表现。

（1）即便市场形势混乱，引入并使用人工智能仍迫在眉睫。

（2）预测分析正在对企业产生主导作用。

（3）数据科学人才的缺失对企业产生持续性影响。

（4）只有创新才能帮助企业在技术投入中获取价值。

尽管近年来人工智能领域备受关注，新的智能产品层出不穷，但人工智能的使用却仍处于起步阶段。据调查，2015 年应用人工智能的企业占比仅为 15%，虽然在 2016 年应用人工智能的企业占比提升到了 26%，但比例依然很小，这说明很多企业依然没有引入人工智能的意识，或者依然没有找到一种合适的方法将人工智能融入传统业务中。

但不容忽视的一点是，虽然很多企业没有引入人工智能技术，但却在使用预测性分析、语音识别、图像识别、自动对话等由人工智能技术支持的解决方案。这一现象说明，尽管目前很多公司都没有正式使用人工智能技术，却在无形中引入了人工智能技术支持的解决方案。

上述现象说明，由于人工智能涉及的领域太广，人们对人工智能的概念还没有形成清晰的认识，对人工智能技术的投资回报率没有明确的概念，这成为人工智能应用受限的关键原因。事实上，相关的调查也证实，很多公司仍未采用人工智能技术的一大原因就是对人工智能技术的价值定位不明确。

人们之所以如此重视预测分析，其原因在于它在很多行业都能得到广泛应用，可以有效地规避行业风险，推动行业更好地发展。例如，在制造行业中，受天气、地缘政治事件、罢工等因素的影响经常会造成工期延误的问题，而预测分析能够对此进行调整，减少工期延误情况的发生次数，提升供应链管理效率。

目前，在所有的人工智能解决方案中，预测分析是使用频率最高的解决方案。随着人工智能的发展，其他的解决方案也将陆续发挥作用，如高级的自然语言生成（NLG）。NLG 技术要发挥作用，首先要了解人的想法，抓住沟通重点，对数据进行分析，突出重点和有趣的内容，之后将其引入自然语言。NLG 技术在自动化数据分析或自动化生成报告等领域有广泛应用，并能大规模地形成个性化沟通。此外，NLG 技术独有的创作能力还被引入其他分析平台，生成一些文字化的叙述，用于解析数据中模糊的见解或单独的可视化结果。

人工智能技术能帮助记者撰写企业季度报道，自然也能帮助管理者撰写管理报告。在现实工作中，人工智能技术已经被用来撰写某些分析性的管理报告。2016 年，数据分析公司 Tableau 宣布与自然语言生成工具提供商 Narrative Science 达成合作，共同致力于 Narratives for Tableau 的开发，该应用可以为 Tableau 公司的图片配备相应的文字内容。

关于人工智能给人类管理工作带来的改变，受访者都做出了非常积极的反应，其中 86%的受访者希望人工智能帮助他们分担监控及报告类工作，以减轻自身的工作负担。

尽管人工智能能帮助管理者处理很多数据，甚至能为商业决策提供支持，但是因为人工智能缺乏决策所必需的洞察力，因此，人工智能无法自动生成商业决策。所以，管理者就需要在这方面做出努力，将经验和技能结合起来，再融入组织文化、伦理反思等因素，从而制定出科学的商业决策。

在人工智能时代，管理者要想应用智能机器取得更佳的决策，必须具备数据解读与分析能力、判断导向的创造性思维和尝试能力，以及战略开发能力等一系列相关的技能。

也就是说，针对人工智能的特点，管理者要改变以往"照章办事"的行为习惯，不断积累经验、提升判断力，同时强化即兴创作能力。最重要的是要明白：即使人工智能可以帮助管理者进行决策，它也只是一种技术手段而已，不能取代管理者的管理地位，更不能行使管理者的决策权利。

管理者要想与人工智能和谐相处，首先要端正对人工智能的认识，将其视为"同事"，而不是"竞争者"，更不是"敌人"。因为，人与机器的竞争是没有必要的。人类的判断力很难实现自动化，但人工智能却能很好地弥补这一缺陷，为人类的判断、管理和决策等工作提供帮助和支持，并能做一些辅助工作，如进行模拟计算、对各种活动进行搜索等。相关的调查也显示，相当比例的管理者在做商业决策时会采纳人工智能提出的建议。

在未来的人工智能时代，面对人工智能逐渐承担常规行政工作的情况，管理者应该注重提升自己的创造性思维与实践能力。

在进行数字化转型的大型企业中不乏能提出创意性想法的人，缺乏的是能将这些零散的想法整合起来，创造出一套与众不同的解决方案的管理者。因此，对于数字化企业来说，具有创造力、好奇心、协同能力的管理者是刚需，这种需求在人工智能时代也不会减弱。

很多企业管理者对判断力的重要性都有非常明确的认识，却忽略了社交技能与人脉网络的价值。管理者的社交技能高，其人脉网络就能搭建好，培训能力与协作能力也会很出色。管理者拥有了这些能力，自然能在人工智能时代保持主导优势，尽管那时的行政工作和分析工作都由人工智能负责。

即使挖掘合作伙伴、客户等与主体的相关信息需要依赖数字技术，但是要将这些信息升华成解决方案还需要依赖经验做出科学的分析、对不同的观点进行整合，这些都是人工智能机器做不到的。

9.1.2　信息时代的挑战

商业世界正在以飞速地数字化打破产业边界及创造新机会，同时也在破坏长期形成的成功的商业模式，这个过程被一些学者称为数字化破坏（Digital Disruption）。尽管从历史上看，彻底的技术型变革通常要持续比预期更长的时间，但是这些变革带来的影响往往比我们所预想的要大得多。这些影响不仅仅是对企业的威胁、对产业发展模式与轨道的改变，还包括企业组织架构的变革、资源配置方式的创新，以及人们生活方式与消费习惯等方面的变迁。

在工业时代，蒸汽机在众多产业的应用与适应性创新催生了大规模生产规划与管理、流水线作业等新方式的出现与蔓延，推动了当时的科学管理等管理理念与理论的不断产生与创新。数字化破坏与之前的颠覆式创造一样，给许多企业管理者和企业带来了混乱。由麻省理工学院信息系统研究中心开展的一项近期研究发现，在参与调查的董事会成员中，有 32% 的成员预计在未来 5 年内的收入受到数字化破坏的威胁；60%的成员认为他们所在的董事会将在明年花费大量的时间在这一议题上。董事会成员最担心的破坏者是 Uber（破坏出租车业）、Airbnb（破坏旅店业）、苹果支付、Kabbage、Venmo 和其他的互联网支付（破坏银行业），以及亚马逊（破坏图书零售业）。来自其他行业的公司在不经意间就成了竞争对手，这种现象将成为常态。因此，如何意识到竞争威胁、如何界定竞争市场，以及如何选择合适的战略等问题就变得格外重要起来。特别是在数字化时代的企业中，那些守旧的势力总是会低估新技术和新产品的影响与发展速度。例如，尽管电子书有着价格低廉、方便搜索和购买等诸多优势，但守旧主义者依然认为电子书永远不能取代传统纸质书的体验，而阻碍媒体的数字化转型的脚步。从目前的结果来看，虽然电子书的利润比传统纸质书的利润低，但是前者的市场在增长。有报告显示，2011 年，只有 11%的美国成年人阅读电子书；而 2014 年，这一比例上升到了 28%。

9.2 管理实践的新动态

9.2.1 传统企业的生产和运营面临数字化变革的挑战

移动互联网和电子商务通过削减中间环节、减少库存、放弃高成本的物理展示场所等方式挑战传统零售业。大型实体零售商面临着实体店销售增速不如意甚至下滑的困境。21 世纪以来，中国的零售业进入了高速增长的时期，大型零售商的门店数量几乎每年翻番。但是这种粗放式的快速增长依赖于中国经济的飞速发展和较为低廉的实体商铺价格，在移动互联网和电子商务（以下简称电商）的冲击下，传统的零售模式的各种弊端开始显现。以往的店铺扩张模式面临着巨大挑战和极大风险，曾经流行于管理界的各种连锁店等经营方式，抵不住整体销售增速放缓甚至下滑的趋势。尽管营业收入仍在缓慢增长，但是由于利润率的较大幅度下滑，总利润开始下降，使实体店的连锁经营产生资金链的巨大压力。面对电商的价格与品类优势，人们的购物选择也逐渐倾向于线上购买。传统百货公司的顾客逐渐流失，然而传统百货公司的运营成本（店铺租金、人力成本等）却在不断地增加。特别是随着房地产市场的火爆，优良地段的店铺的租金价格暴涨。有些公司由于营收下滑太过激烈而导致破产清算，如杭州的尚泰百货等。艾瑞咨询的数据显示，2015 年，中国的网购规模在第三季度已经超过9000 亿元，同比增长 32.6%，网购整年的交易额在社会消费品零售总额中的占比将超过一成，而在两年前这一数据仅为 5%。总之，以淘宝、京东等为代表的电商平台已经对传统的零售业产生了巨大的冲击，而且人们的购买习惯一旦转移，这一变化将是不可逆的。目前，商铺租金仍居高不下，数字化变革对传统零售业的影响预计会持续增加。

除零售等服务行业外，面对数字化变革，传统制造业企业也受到了巨大的影响。原先，企业主要通过制造环节和流通环节等线性的价值链，将原材料变成产品供给有相应需求的消费者。这种线性的价值链实现的生产运营过程往往缺少反馈环节，即市场的真正需求与使用体验无法直接让处于研发和生产前线的部门一手掌握。加上市场需求变化日益加快，生产响应与实际需求的滞后效应严重影响企业的竞争力。在卖方市场环境中，这种弊端的影响从未充分显现，而如今处在工业化后期的中国市场，许多产业所提供的产品已经从供不应求转变为供超所求的局面，即产能过剩。其中一个解决出路就在于企业必须更好地理解它们所服务的顾客，也就是说，必须理解顾客的真正需求与使用环境。这就要求企业必须具备从最终的消费端获知相关产品与战略决策信息的动态能力。新的信息收集与分析技术提供了崭新的方法来帮助企业理解它们所服务的对象，这给有能力进行组织变革与创新的企业提供了重要的发展机遇。

同时，我们注意到，传统制造业（如汽车制造业、手机制造业、电视制造业等）会遇到新兴互联网企业的挑战。其原因在于模块化制造、技术标准化等流行的趋势大幅降低了进入某一个特定制造行业的成本。与此同时，互联网企业与生俱来与市场的"临近"优势，从消费者的需求和偏好入手，用一种新的轻资产模式提供产品，对传统的重资产运营模式的企业造成了巨大的冲击。例如，不同于摩托罗拉、诺基亚等传统的手机生产商，小米在一开始就走了一条轻资产的道路。小米只负责手机设计、开发与销售，而将其他的业务外包，利用富士康等手机装配商进行贴牌生产。不同于以往的手机先制造后销售的模式，小米通过预定等方式，基本不承担库存的费用与风险，极大地提升了资金利用的效率，减少了对自有资金的占用，在中国手机市场的占有率快速攀升。而与此相对应的则是许多老牌手机制造商的亏损、破产甚至出售。小狗吸尘器也是一个互联网品牌，通过靠近消费者，用互联网的方式制造和出售吸尘器，从而取得了非凡的销量。

9.2.2　互联网技术与思维对各行业的渗透

我们并不想把数字化、互联网与传统行业对立起来。在实践中，传统的生产商也意识到互联网在信息搜索、收集、分析与指导的积极作用，从而试图将互联网技术和思维引入到传统的产品或服务当中。例如，可联网的智能设备已经成为企业家与政府决策者所关注的热点，并成为未来发展的主流趋势，最终将彻底改变我们的生活。互联网极大地刺激了消费电子领域的创新爆发活动，包括互联设备（如智能家庭应用和网络电视等）。例如，海尔开发了 U-home 解决方案，试图将家庭的娱乐、安全和照明系统集成到一起。此外，消费电子产业也开始利用互联网来提升效率。企业可以从规模巨大的供应商那里选择和获取最优价格的精准投入，同时在线上获得更精准的目标市场。

此外，互联网还强化了某些领域的范围经济与网络效应，使得处于这些领域的企业不再仅仅专注于某一个特定领域，而是更倾向于提供某种程度的全方位服务，从而致使传统企业开始以互联网的思维和方式运作。通过与互联网企业合作，传统企业试图为消费者及时地提供更适合的产品或服务。在汽车消费领域，互联网帮助汽车制造商接触客户、了解客户，从而为客户提供更加丰富的服务，这种服务已经远远超越了汽车的基本使用功能。在官网上直接销售汽车，通过各种智能系统提供通知服务、远程控制服务等，都成为汽车制造商未来关注的重点。以往传统的汽车制造商的主要关注点是首次购买者，但往往缺乏对这些客户的了解，即使在顾客购买汽车后也难以获得汽车购买者的日常需求信息。但是互联设备与系统的出现改变了这一现状，汽车制造商可以在顾客购买汽车前就利用大规模收集的多个领域（包括社交媒体、搜索等）的数据来分析顾客的真实需求，通过精准的小批量生产为汽车购买者提供更有竞争力的产品。互联设备与系统也将提供有价值的信息来帮助企业获得未来的汽车销售和增值服务。同时，物联网在未来将推动汽车金融的快速发展，通过 GPS 等定位设备及基于大数据分析的信用评级系统等降低贷款方的违约风险，从而有利于缺乏充分信用记录的中小企业主、个人等更迅速、更低成本地获得贷款。

此外，目前快递业的模式基本是由快递公司雇用全职快递员进行商品配送的，在某些特殊时期雇用兼职快递员作为补充，传统的快递需要大量的现代物流设施的投资、网点的租赁、人员的雇用与培训，从某种程度上来说，快递业属于重资产模式，而共享经济可能会给快递业带来一些不一样的改变。

Uber 作为一家互联网公司，不仅仅给出租车业带来了巨大的变化，也可能对快递业产生重要影响。例如，Uber 在美国推出了同城快递服务 Uber Rush，用户可以在 Uber 上叫快递，然后由司机将物品派送到目的地，用户可以看到物品预计的到达时间和物品的实时位置，不同于传统的点对点和中心辐射型运输，这种新模式也可以被看成分布式联合运输的实践。

小米则代表着一类新兴企业。小米利用互联网技术的优势进入其他产业，并为客户提供具有互联网特征的产品或服务，从而慢慢地影响最终消费者的消费习惯，改变行业传统的生产习惯，对行业内其他企业产生或多或少的冲击。手机这个产品本身，从最初的满足简单的信息传递和通话功能，到现在变成一个迷你计算机，技术驱动的功能变化本身就意味着制造环节需要变革。

小米不同于传统的手机生产商，也不同于兴旺一时的中国"山寨手机"生产商。尽管这家公司的初衷是推出以智能手机为代表的智能产品，但是在公司发展的初期，却是因 MIUI 系统（为手机发烧友特别定制的安卓系统）被大众所熟知的，即通过为大量的热门安卓手机提供方便、有趣、好用、安全的第三方系统，利用粉丝的在线社区来获知客户对产品改进的需求，并据此提供每周的软件升级（在推出手机等智能设备后也尽量保持这一策略）。正是这一举措让小米获得了大量勇于尝鲜的智能手机用户，也正是这些用户为后续成功发布小米手机奠定了基础。小米也突破了传统的手机制造流程，通过手机发烧友参与小米手机开发改进的模式不断改进，从而更了解手机购买者的深层次需求。小米通过在早期赔本推出少量的手机等产品，以低廉的价格与流行的高配置获得大众的注意力（被形象地称为饥饿营销），利用消费电子领域的摩尔效应与学习效应，在产品推出的中后期获得盈利的方式，在中国与世界手机市场上逐渐占据了重要的地位。2012—2015 年，小米手机的销售量分别是 719 万台、1870 万台、6112 万台和 7000 多万台，这也让小米手机成为众多国内企业争相追捧和模仿的对象。借助小米手机的成功，小米公司继续在智能家居、智能健康设备等领域发力，成功推出了一系列产品，如小米手环、小米路由器、小米电视盒等，并开始对传统企业产生冲击。

9.3　管理者面对的新管理挑战

互联网让顾客获得了随时随地交易的新能力，也使客户需求成为企业运营的指引，迫使所有产业的企业重新思考其运营方式，放弃旧有方式，并变得更加机警。为了响应数字化市场中客户不断增长的碎片化需求，企业需要通过网络收集顾客的想法，并从大量的供应商中挑选，生产出更符合顾客想要的复杂产品的组合。然而，这可能意味着企业必须对现有的基于传统模式与渠道的流程进行彻底地检查，才能成功实现线上与线下渠道的配合。

电商的快速发展，特别是智能手机与移动互联网的普及，让任何人都可以随时通过手机查询心仪产品的价格，而过大的价格差将导致线下交易难以实现。因此，应避免两者的过分冲突，创造无缝的线上和线下体验，这不仅对顾客很关键，还对运营效率有重要影响。有些公司将线上电商平台作为独立的销售渠道，但是在货物派送时尽量依赖现有的仓储，从而避免重复建设，这种做法在现阶段取得了较好的结果。但是这一方式也存在短期利益与长期利益的博弈问题。尽管现阶段的阻力较小，但是随着实体店的进一步衰弱，必然会导致企业在未来的变革中遭受到较大的阻力。例如，旭日集团一直坚持直营理念，旗下品牌真维斯在大陆地区按照区域成立了 13 个地区分公司，并设有 2000 多家实体店。真维斯在 2009 年试水真维斯网络旗舰店，并于2010 年成立了独立的网购业务部，开始并行地发展线下渠道与电商渠道。在发展初期，由于产品开发未能及时调整线上和线下渠道的价格不一致等问题，网络销售严重损害了实体店与分公司的利益，进一步加深了线下与线上渠道的冲突。真维斯通过将网络订单由分公司负责发售，并将收入计入分公司的销售业绩的方法，有效地解决了这一冲突，并充分利用了现有分公司的仓储优势。

此外，更多的公司采取线上和线下渠道分离的方式，在线下渠道售卖的产品大多不会出现在网上商城中，而网上商城出售的产品与线下实体店所售卖的产品在许多性能上保持一致，但是在外观、设计和某些特色上并不完全相同，通过这样的方式来避免线上产品和线下产品的直接价格竞争。在通常情况下，电商渠道售卖的产品价格相对低廉，但是所供应的产品数量会受到一定的限制。例如，华为公司既开发"荣耀""畅享"等系列的网络品牌手机，又开发"麦芒"等主要面对实体渠道的产品系列；方太等家用电器公司也在线下和线上渠道提供不一样的产品型号，以此来维持渠道的稳定。然而，这种模式存在与生俱来的弊端，随着消费者网络购物习惯的加深，以及纯粹互联网品牌的竞争，为了照顾实体渠道而增加的成本可能会让公司处于某种劣势。因此，如何解决信息时代所带来的冲突将成为传统企业长期思索的问题。

第十章
Chapter 10

数字技术带来的新市场机会频现

有了数字技术的助力，大数据（降低信用风险）和线上渠道（降低交易成本）增强了金融机构对中小企业贷款的风险控制和成本控制的能力。于是便涌现出像蚂蚁金服这样依托于阿里巴巴集团的整体业务平台、能对商户提供信贷服务的企业。

共享经济是数字化、互联网等信息技术所带来的最重要的经济模式，特别是这种经济模式有可能彻底改变我们已经习以为常的各种服务模式，甚至有可能重塑人与人之间的关系。

10.1　金融机构的概念扩大化

传统的金融机构（如银行）往往以中介的身份实现借贷业务，这一业务的根本在于借出收入与借入资金的利息差。风险是很重要的考量因素，这就是信用贷款的基础。之所以对商业银行的贷款评价为"锦上添花"而非"雪中送炭"，是因为出于规避风险、降低成本的考虑，在发放贷款时更多地倾向于大而优秀的企业，造成中小企业贷款难。

有了数字技术的助力，大数据（降低信用风险）和线上渠道（降低交易成本）增强了金融机构对中小企业贷款的风险控制和成本控制的能力。于是便涌现出像蚂蚁金服这样依托于阿里巴巴集团的整体业务平台、能对商户提供信贷服务的企业。这类企业补充了现有商业银行贷款的传统渠道，实现了市场的普惠。除此之外，银行、证券公司和保险公司也通过线上渠道来进行有效营销及与客户互动，以节省成本。在线交易改进的风险管理和低交易费反过来能促使银行有能力服务更多的零售客户和中小企业。

在个人消费者方面，大约60%的国民金融资产是银行存款，然而银行的策略是在国家规定的储蓄利率之下，无任何吸引存款的市场化利率行为，因此财富管理的门槛非常高。如果不是余额宝等各种金融产品，我们根本不知道如何在保证现金流动性的同时享受更高的利率。数字化技术帮助人们实现了这一突破，于是在线货币市场基金、贴现票据经纪业和第三方在线市场开始兴起。

　　另外，数字化技术使信息传输的成本几乎为零，提高了信息的透明度和可靠性，从而使信息数字化变成一个可以利用的市场机会，如越来越多的中国住宅买家和承租人在网上搜索理想的房子。电商平台（如搜房网等）与搜索引擎合作，发布开发商、房产代理和个人业主的广告或房屋信息，提供房产搜索和交易的流水线作业，并根据用户的财务能力和实际需求提供更匹配的房屋推介，从而降低了开发商和中介的营销和持有成本。同时，地方政府通过线上平台进行土地拍卖等活动能够增加交易的透明度，增加暗箱操作的难度。此外，通过在淘宝等个人与个人之间（C2C）的交易平台进行丧失抵押权的房屋等抵押品的拍卖，不仅降低了拍卖的成本，而且增加了成功的概率。电商平台还能帮助中小型房地产开发商、承包商和连锁酒店在线购买建筑材料、设施、设备和内部装饰，通过多个小买家的联合购买可以降低5%～30%的购买成本，极大地减轻了企业的负担。

　　尽管二手车的需求量在不断增加，但是由于缺乏合理的信息披露机制与足够的信任，传统的二手车销售市场始终处于缓慢发展之中，而新的网络二手车交易平台有利于改变这一现状。优信拍和车易拍这类电商平台将帮助代理商取得优质二手车资源，帮助顾客选择合适的二手车，同时增加每笔交易的信息透明性。若中国也有类似美国的Carfax 和 Kelley Blue Book 等一类独立公司，提供汽车记录和公平价值评估服务，那么中国的二手车市场将有可能迎来井喷式的增长。

10.2 新经济形式实践：Uber VS Airbnb

另一个数字化技术的代表——云计算则改变了企业信息技术（IT）的消费和架构。企业降低了首次投资于内部 IT 系统的初始成本，在需求出现后才为数据存储和计算能力付款，这对中小企业来说是极大的福音。

共享经济是数字化、互联网等信息技术所带来的最重要的经济模式，特别是这种经济模式有可能彻底改变我们已经习以为常的各种服务模式，甚至有可能重塑人与人之间的关系。Uber 和 Airbnb 作为共享经济的代表，利用人们空闲的时间、设备与空间等为有需要的其他人提供所需的产品或服务。这种经济模式实际上是闲置资源的高效再利用，它为出租车业和酒店业带来了革命性的变革。事实上，共享经济的发展早已不再仅限于这两个领域，在另外一些领域内也已经出现了共享经济的踪迹，如服饰、饮食、快递等领域的共享。

尽管 Uber 和 Airbnb 是共享经济的两个标杆，但在交通工具共享与房屋共享领域的许多细分市场里活跃着其他的优秀公司，他们为用户提供差异化的共享服务。

首先，在交通工具共享领域，Uber 通过手机 App 将附近的用车需求派送给在 Uber 上注册的有空闲时间的私家车司机，这一方式成了许多共享经济模式的基础，国内的一号专车、神州专车、滴滴打车等都采用类似的模式。Lyft 与 Uber 的模式非常类似，但是特别强调类似朋友的关系，并将友善的行为作为一种必须遵守的规定。Sidecar 主要提供拼车服务，将附近愿意拼车的陌生乘客与车辆自动匹配，帮助乘客节省大量的乘车费用，国内类似的企业有百度顺风车、嘀嗒拼车等。

FlightCar 则提供机场闲置汽车的共享，车主可以利用去外地时的汽车闲置时间来赚钱。Zipcar 则是通过会员之间的车辆互换实现就近的车辆租赁服务，并利用会员卡实现取车和还车业务。

除了汽车租赁之外，闲置私人飞机、闲置游艇等都可以被拿来共享。例如，Netjets 专为客户提供私人飞机管理服务，机主通过飞机托管使他人可以进行租赁飞机；PROP 并不提供单独租船的服务，而是提供船只、专业船长和一些有共同航行目的的旅伴。2008 年成立的 Airbnb 是共享经济的首创者之一，其主要业务是提供海外民宿的短租预定，供短租的民宿多数是由个人提供的具有鲜明当地特色的房屋，对房型没有过多限制。国内同样也有提供类似服务的公司，如小猪短租等。Easynest 则提供旅馆空床的分享，方便旅客间住宿费的分担。国内的芝麻拼房也提供酒店床位共享，为了保证安全，这种模式对用户的认证要求较为严格。

Eatwith、Plenry、Feastly、爱大厨等互联网公司提供了饮食方面的共享，让人们摆脱传统餐饮的束缚。例如，Eatwith 让喜欢餐饮的陌生人能够共同制作和品尝美食；Plenry 则是通过饮食来扩大社交圈，以在网站上列出聚会的主题和菜单的形成，邀请有相同兴趣的人参加家庭聚会；Feastly 和爱大厨针对的则是那些希望烹饪美食的非专业人士，这些人在网上提供自己准备的精美菜品，并以此来吸引那些希望品尝美食的消费者付费享用。除饮食方面的共享公司外，还有一些提供衣服共享的公司。从买衣服转向租衣服是 Rent the Runway 的共享理念，通过提供精选的品牌与款式的衣服，并以较低的价格出租给个人，公司则重点控制运输与干洗环节。将不喜欢的衣服出售给有需要的人是 PoshMark、Material World 等公司的共享模式，通过出售、交换的方式，可以节省大量的服饰支出，这种模式在日本等国家有较快的增长速度。此外，共享自己的空闲时间、技能等也成了共享经济的新业态。例如，TaskRabbit

允许用户发布待完成任务，同时也可以接受别人的任务委托；Skillshare
则提供一种众包教育，在该平台上，用户既可以成为老师，也可以成为
学生；Instacart 则允许消费者以线上的方式在本地超市和商店购买日用
杂货，并提供同日送货的服务；ClassPass、小熊快跑、全城热练等将健
身房资源整合起来，通过购买会员服务，用户能够以较低价格自由选择
当地的多个健身房。

第十一章
Chapter 11
传统经营思维突破与市场解读能力

　　这个时代是一个不断打破传统的时代，不断地推翻过去，在原来的成果上进行创新。这个创新不单单是科技成果的创新，还包括制度的创新和经营模式的创新，并通过这种创新思维，突破并锻炼企业家对市场的解读能力，从而更好地应对市场变化和市场风险。

11.1　传统经营思维在信息的跨领域共享下的突破

互联网与信息技术正在挑战将主要的价值链活动全部内部化（如严格受控的完全内部产品开发）的老商业模式。这导致了单个公司不可能拥有足够的知识、资源与能力来满足消费者需求的个性化与快速变化，企业必须和生态系统内的其他企业通力合作，进行信息的共享以便更好地服务于消费者。信息共享能够创造出更大的价值，但是这需要消费者、各类公司的共同努力。传统观念认为，将信息作为秘密保留在企业内部有利于保持企业的竞争力。但是这一观念正在遭受共享经济的严重挑战。共享经济意味着将信息公开才能创造出更大的商机，除了上文提到的交通运输、房屋租赁等产业，未来将会有更多的产业将受到共享经济的冲击，如家政服务业、新闻业、个体服务业等。

传统的家政服务往往由家政介绍公司等机构提供，这种方式最大的缺陷就是难以用灵活的方式满足许多家庭临时性的迫切需求。例如，家里协助看孩子的老人短暂回乡但难以找到可以信赖的短期保姆等。这种现象产生的主要原因是供需双方的信息孤立与严重不对称。再如，雇主难以知晓家政服务人员以往在其他家庭的表现，而家政服务人员也不知道雇主是否有过不良记录等。互联网经济的意义就在于打破了信息的壁垒，实现了信息的自由流动和公开化，这将会改变现有的家政服务系统及其管理模式和盈利方式，并极大地刺激该产业的快速发展。但是传统的家政服务机构往往出于对自身利益的考虑，极力避免信息的公开，通过构建家政服务业信息的共享有助于改善现有的雇用双方信息不透明的现状，并将产生大量的就业机会与创业机会。

即使在 5 年前，我们也很难相信有一天可以在家里享受到专业的个人服务，如上门理发、按摩、洗车、厨师服务等。传统的服务业首先需要有一个提供服务的固定场所，其次要能够吸引顾客到这些场所接受服务，这往往造成服务业核心资源——专业人员的浪费。在某些时间段，他们处于"供"远超于"求"的状态，而在另一些时间段内，他们又难以满足数量众多的消费者。例如，在传统的发廊里，我们在到达之前往往不知道将要排多久的队，也不确定是否能找到自己固定的理发师。然而，在共享模式下，我们可以提前预约合适的时间，从而方便安排其他的活动。对于理发师而言，也可以提前预知自己每天工作的情况，不会出现活儿一会多得做不完，一会儿门可罗雀。对于一个普通人而言，可能从来没有想过可以如此方便地请一位厨师为自己和朋友服务，避免了去饭店的麻烦和对食物卫生条件的担忧。许多生活服务 App 都推出了上述的个性化上门服务，这不仅是将互联网引入传统业务中，更重要的是有支撑该互联网业务的体系，如移动支付系统、定位系统等。

11.2　创新动态与商业生态的系统性解读能力

在前面的内容里，我们提到很多数字化的创新变化与商业生态系统的概念。在本节中，我们用移动化（Mobile）这个技术范式为例，来说明即使在这个范式里，不同时期创新驱动的特征有所不同。这时就需要管理者了解这种创新动态与商业生态的演进，形成系统化解读的能力。

仍以智能手机为例，我们先回顾一下历史。第一批智能手机起源于 1999 年，是由日本公司 NTT DoCoMo 推出的，然而真正将移动化带入全世界视野的是 2007 年苹果手机 iPhone 的诞生。iPhone 首次采用触摸屏（苹果公司不是触摸屏的发明者，却是将触摸屏应用于智能手机的鼻祖），将人机互动的方式从键盘、导航键变成手指与手机屏幕的直接接触。十多年来，在移动化的发展道路上的每一次创新，乃至其他行业的创新似乎都跟智能手机密不可分。例如，移动应用（Mobile App）从互联网发展到移动互联网，这些领域的发展和创新无不对人们的生活方式（出行、交友、购物、娱乐等）和工作方式（移动办公、远程协作等）产生了深远的影响。目前，国内的 BAT 基本还在走这个路线，也就是不依赖硬件、不着重关心网络接入等底层技术，而在应用的层面不断推陈出新。所以，在智能手机领域，国内的厂家很多都是主流电视节目的赞助商，这在一定程度上说明了智能手机这个行业的景气程度。

然而，从经济学的角度看来，根据边际效用递减原理，在移动化领域迟早会出现这样的情况：新类型的智能手机对于移动化的创新驱动作用将会逐渐减弱。取而代之的则是人们目前正在广泛使用的工具，如家里的电器、汽车或传感器类的物联网时代的设备等，这些工具能沉淀用户使用行为的信息。这也许可以给当下的智能手机生产商、其他可穿戴设备生产商，以及那些基于智能手机场景开发移动应用的创业者们提个醒。

从 2007 年 iPhone 推出，到 2016 年国际上开始讨论智能手机行业的影响力减弱，前后相差不到 10 年。可以想象，国内这些跟风生产而又没有实质性产品特性突破的智能手机生产商们，在可预见的未来就可能背上产能过剩的包袱。

小米能够把智能终端产品卖得这么便宜，其实也是对整个行业的发展释放了一个信号。因为价格战往往是在产品趋同的情况下，生产商采取的策略。而且从消费者需求的角度来看，便宜的智能终端会推动购买，从而使消费移动应用（App、电视节目）产生更多的可能。所以，小米能在这点上突破竞争对手，并在一定的时间内保持持续性，就像尽管个人电脑的利润已经不那么诱人，然而还是有大型企业从事这类产品的生产。而且这种低价可以给生态系统内的其他企业创造出更大的生存空间，与传统而为人所熟知的电视机生产商低价促销不一样。

当然，也有人会提出质疑，美国仍看好终端类的产品，如 Nest 在 2014 年被谷歌公司以 3.2 亿美元收购。Nest 是生产可联网温度计的创业公司，其产品销售量并不大，但谷歌公司却给它这么高的估值，似乎令人费解。实际上，智能终端产品存在边际收益递减效应，但 Nest 的产品则不同。谷歌看中的绝对不是 Nest 的那款可联网温度计，或者其他具体的某个产品，而是着眼于未来。除了人类产生的数据以外，各种物品、设备、人类之间的交互都会产生信息和数据。而掌握这些信息数据并对其加以利用的能力，会是未来的商业战场即物联网战场的制胜法宝。所以谷歌公司的这一购买行为是其进入物联网领域的一个信号。同样的情况也出现在特斯拉身上。

11.3　跨产业的知识搜索、应用与管理

当产业间的障碍开始消融，竞争将从意想不到的角落飞速出现。通过何种方式获取和过滤跨产业的知识成为许多尚未变革的产业中的企业需要重点考虑的问题。如果能够提前知道潜在的产业融合领域，那么传统企业就有可能收集更多的决策信息，避免在飞速变化的竞争环境中，由于信息的缺失而做出错误判断。即使是对于那些正处在变革的产业中的企业，搜索跨产业的知识依然很重要，因为这些知识是其在竞争中站稳脚跟的关键。例如，在金融服务业，一批来自技术端的新竞争者开始挑战传统的金融机构。阿里巴巴的余额宝将互联网支付账户与货币市场基金结合起来，对传统的银行存款造成了巨大的冲击。然而这种变化并非突然发生，而是一步步地发生的。有预见性的企业能够发现某些信号并进行准备。尽管互联网企业在信息技术的应用方面有巨大的优势，但是这并不意味着越界后的企业能够一帆风顺地获得成功。

产业间共性技术的出现往往会对企业的发展造成巨大的影响，特别是互联网和移动互联网等共性技术正在改变企业运营的环境，这意味着传统企业不仅要保持知识更新的意识，还要抛弃那些过时的知识。由于缺乏必要的知识积累，跨产业的知识搜索和应用并非易事，互联网企业往往会低估跨界的风险，即使通过强势的互联网模式进入某个传统商业领域，也常常面临着长期无利可图的境况，如团购网站、打车软件等。这就意味着在不同领域寻找同盟者是取长补短、相互促进的可行方式之一。例如，尽管依赖于移动支付、搜索引擎、大数据计算等利器，进入金融业传统领域的互联网企业也会发现自身欠缺风控能力等。对互联网企业来说，传统金融机构在资产端有着深厚的积累，

而且具备较为完善的风控措施，特别是这些机构拥有各种金融牌照。在这种情形下，互联网企业与传统金融机构的合作就显得格外重要，如阿里巴巴与天弘基金合作提供了具有颠覆意义的互联网金融产品——余额宝，这是一种基于共赢的合作关系。

产业融合的一种可能结果就是改变该领域的竞争模式。但由于单个企业往往缺乏某个领域的必备知识，因此，根据需要建立一种联盟关系往往更有利于企业对跨产业知识的学习与应用。对于某些企业而言，可能会起到"弯道超车"的作用。2015 年，百度与中信银行合作设立名为"百信银行股份有限公司"的直销银行，即通过互联网、电话等远程手段取代传统的柜台模式来提供金融产品和服务的银行。传统的直销银行的业务模式非常单一，所能提供的金融服务也非常单一，主要是金融产品的销售。受互联网金融浪潮的影响，运营成本较高的传统金融机构由于运作体制和体系非常复杂，难以实时满足用户的需求，在以互联网为基础的竞争中处于不利的地位，因此，运营成本较低的直销银行开始被金融机构所采纳。对于中信银行而言，由于个人客户数量有限，且互联网进程相对滞后，尽管直销银行能够帮助中信银行降低运营成本、缩减理财产品与信贷产品到达最终客户的路径、提升客户满意度等，但中信银行难以通过传统的方式与直销银行已成规模的其他银行直接展开竞争。对于百度而言，随着互联网的飞速发展，网民数量也极速增长，与网民的直接接触和数量庞大的用户消费行为数据让其拥有进入金融领域的优势，但缺乏牌照和金融领域的经验限制了百度在这一领域的发展。中信银行和百度有着各自的优势与劣势，而这也成为双方合作的基础，百度可以更精准地分析用户的需求，有助于锁定目标客户，为双方合作的直销银行提供支持；而中信银行的经验和牌照能够保证合作银行的正常运营，并快速地形成自身竞争力。

即便是阿里巴巴、京东等网络零售巨头，也试图通过入股、并购等方式，获得实现企业战略所需的互补资源与知识。例如，阿里巴巴与苏宁云商达成了全面合作战略，阿里巴巴通过入股苏宁，成了其第二大股东，通过这样的方式，双方试图彻底打通线上与线下之间的障碍，阿里巴巴为苏宁提供线上业务系统支持，而苏宁则为阿里巴巴的线下业务提供自己的实体门店资源、物流和售后服务。坚持以自营业务为主的京东持有永辉超市 10%的股份，试图通过以联合采购来降低成本的优势来强化供应链管理水平。

第十二章
Chapter 12
再认识商业模式

　　互联网给当前的商业及所形成的商业模式与商业文明都带来了不同
程度的革新，但人工智能的到来必然给当下的商业模式、商业文明带来更
深入的改变。当汽车接入人工智能之后，就取代了我们当前以人为主导的
驾驶模式；当影视领域接入人工智能之后，基于人工智能对大数据的分析
可以直接找到目标观众，并知道他们的偏好，然后再接入网络文学平台中
找到相应的剧本进行改编，最后由人工智能借助于虚拟合成与影视制作
技术，完成影视产品从选题、编剧、制作到发行的全过程。显然，即将到
来的人工智能时代将带领我们开启新的商业文明。

12.1　资本追捧与新业态企业盈利的尴尬

与传统的企业经营模式不同，新业态企业发展初期的目标并非利润最大化、收入最大化等传统目标，而是通过大量的让利活动快速获取市场、提升市场地位，而天使投资、风险投资公司等金融机构在互联网企业的投资历程中的经历进一步加深了"市场重于利润"的偏见，这也迫使传统企业在实施新业态的过程中采取同一思考模式。这对传统企业的经营思路产生了巨大的冲击，也导致传统企业的新业态实践往往难以实现预定的目标，如苏宁易购、国美在线、一号店等传统零售业巨头的互联网销售实践面临着巨大的亏损。

2014 年，依托于互联网的汽车养护等 O2O 营销模式突然成了资本关注的焦点。以提供上门的轻保养、清洁美容等服务为主业的线上汽车养护企业纷纷出现，这种服务方式能够节省车主大量的路途和等待时间。2015 年，"上门解决的汽车保养服务"的市场规模约 250 亿元，用户仍然处于市场认知阶段，由于网络效应的存在，拥有先发优势的企业能够构建行业高壁垒。因此，许多风投公司和天使投资者非常看重这一市场的未来发展潜力，一大批企业获得了风险投资，其中，e 保养、博湃养车等获得的投资额都超过 1 亿元。线上汽车养护服务能够最大限度地满足客户在时间和空间上的个性需求，同时，其费用相较传统方式而言，能够节省一半以上的费用，如养护效率高、无门店租金、节省往返门店的路费等。许多相关企业的负责人认为，在未来，线上汽车养护能切走线下汽车养护份额的 7 成左右，这意味着该市场有着巨大的发展前景。因此，尽管该业务的发展时间不长，但已经有 100 多家企业在这一蓝海中参与了竞争。处于第一梯队的卡拉丁公司用了 9 个月就完成了 20 万个客户的积累，而这一客户量是北京某家 4S 集团花费近 20 年才达成的目标。博湃养车 CEO 吉伟增在企业发展的初期接受采访时指出，线上汽车养护的犯错成本太高，急于扩张可能得不偿失，然而这与博湃养车后期的行为自相矛盾。据其内部人士称，尽管公司高层想每单都赚钱，投资公司却希望通过亏损的低价抢占市场。这就导致在 2015 年年末，这家处于第一梯队的公司由于资金链断裂而被迫暂时停业，也许未来将会彻底离开这个市场。线上汽车养护经历了发展的初期及资本狂欢，我们又亲眼见证了风潮过后的萧条，现如今这种 O2O 营销模式已经被资本抛弃。

　　更早的团购网站在建立的初期也吸引了资本与媒体的广泛关注。自 2010 年 3 月 4 日美团建立开始，中国的团购行业在不知不觉间已经走过了 10 年。当初，这一模式初次进入中国就受到了资本的追捧，导致国内团购网站遍地开花。在鼎盛时期，国内团购网站的数量超过 5000 家。然而近几年来，团购行业经历了资本宠儿、恶意竞争、资金断裂、裁员关闭等一系列过山车式的发展，仅有三十分之一的网站仍存活，大量的网站纷纷倒闭。在中小型团购网站数量不断减少的同时，一些早先发展态势良好的大型团购平台如嘀嗒团、千品等已经成为历史。在互联网巨头 BAT 的一系列收购兼并后，团购行业已然成为这些巨头企业布局 O2O 业务的战场。团购网站在细分领域的市场拓展也在不断地威胁着传统垂直领域，电影票、酒店、餐饮等生活服务成为团购网站角力的重点。例如，网购电影票已经成为购买电影票的重要方式，通过自助取票机取票是影院常见的景象。此外，团购与传统垂直服务业竞争的最大优势在于其优惠的价格。但是随着线下与线上合作关系的微妙变化，这种优势能否长期存在还未可知。另外，尽管团购市场在交易额上取得了巨大的进展，但是数百亿元交易的背后是团购网站持续多年的巨额亏损。根据公开数据显示，多家团购巨头的年亏损金额都在亿元以上，甚至是交易越多亏损越大，这不得不令人深思，新业态如何才能盈利，以摆脱规模越大、亏损越多的魔咒。

12.2　商业模式的再认识

与互联网相关的新业态企业在早期面临着不确定、不成熟的市场，这样的市场培育需要较长的时间，这些企业在新产品或服务市场的培育期中往往以免费的形式提供产品或服务，因而在或长或短的一段时间内难以实现盈利，这就意味着企业必须能够负担长期的亏损。然而，何时、采用何种方式通过已获得的市场进行盈利是这些企业所必须解决的问题。视频网站和手机领域的企业就是典型代表。

视频网站已经成为全世界网民生活中不可或缺的一部分，但是如何进行盈利仍困扰着视频网站行业中的大部分企业，特别是在缺乏服务付费习惯的国家和地区。直到 2004 年，中国市场才出现了第一家专业的视频网站——乐视网，随后土豆、56、激动、PPTV、PPS 等视频网站或软件陆续在 2005 年前后成立，其中，土豆、56、激动 3 个视频网站主要定位于短视频（即用户自发上传的视频），而 PPTV、PPS 则主要提供长视频服务（即专业的电视剧、影片、综艺节目等）。2005 年

2 月，在美国成立的 YouTube 开创了视频分享服务的热潮，并成为国内许多视频网站模仿的对象，如 2006 年成立的优酷等网站。2006 年年末，谷歌公司以 16.5 亿美元的天价收购一直亏损的 YouTube，这极大地刺激了中国资本市场对视频类网站的风险投资。因此，这类网站的数量呈爆炸式增长。在 2006—2008 年的高峰期，中国市场上出现了大大小小数百家视频网站。除优酷、土豆等专业视频网站与新浪、网易、搜狐等门户视频网站外，还有众多不为人知的网站。受相关政府部门加强监管与金融危机的双重影响，大部分网站都在随后的几年时间内陆续倒闭。

经历了多年的烧钱式发展与残酷的市场洗牌，视频网站行业的幸存者迎来了一波上市潮和并购潮。例如，酷 6 成功在美国上市，PPS 被百度控股的爱奇艺收购，PPTV 被苏宁成功收购，优酷网和土豆合并为优酷土豆。从表面上看，视频网站是个非常有前途的行业。YouTube、乐视等公司在持续盈利，但是更多的视频网站公司则仍处于持续的亏损状态。用户规模越大，亏损就越严重。例如，优酷土豆的 2015 年第三季度财报显示，第三季度优酷土豆的净营收为 18.5 亿元，而净亏损则达到 4.356 亿元。加上国内用户一直缺乏为内容付费的习惯，让人们不得不产生一个疑问，即这种新业态到底能坚持多久。特别是已经在美国上市的爱奇艺、优酷土豆等公司试图从美国退市，更是给这个光鲜的行业蒙上了一层阴影。但是，随着"90 后"逐步迈入直接消费阶层，为内容付费的理念逐步地成为社会共识。因此，2016 年前后，爱奇艺、优酷、腾讯等均通过一些热门 IP 改编剧实现了大量的会员登记，在广告收入之外首次尝到了会费收入的甜头。

类似的情况也出现在手机领域。在小米手机获得成功之后，大量的互联网公司盯上了智能手机市场，但是能够从中盈利的公司寥寥无几，其中包括百度、阿里巴巴等互联网巨头企业。许多试图进入手机行业的互联网企业似乎认定，只要手机制造出来，再加上自己的品牌效应，就一定能够获利。例如，奇虎 360 联合多个手机制造商推出主打安全的 360 手机；百度、阿里巴巴等互联网巨头企业也推出了自己的手机。然而不久之后，惨淡的销量让这些企业逐渐放弃了这一领域。有人说这是因为这些企业不懂手机，所以做不好手机。真的是这样吗？事实并非如此。诚然，这些手机的设计与质量可能与手机生产商有一定差距，但是并非不可弥补，关键在于这些企业缺乏对手机使用的了解。小米的成功在于它用了将近 1 年的时间去学习消费者对手机的看法和使用习惯。当然，小米创始人在营销过程中起到的作用，加之对消费者偏好的引导都成为其商业模式的一部分。然而，随着市场和技术的演进，即使像小米这样的企业也会遭遇发展的瓶颈。与此同时，面向年轻一代、主打"自拍""快速充电"等基础功能的 OPPO、vivo 等手机品牌，取得了非常可观的销量，通过快速占领细分市场获得了很高的收益。

第十三章
Chapter 13
人工智能与创业时代

如果说 2016 年是大家公认的人工智能元年，那么 2017 年可以称为"人工智能应用元年"，世界范围内的互联网巨头更加迫切地投入巨资布局人工智能领域。这个时代为人工智能提供了发展土壤及创业生态，可以预期，未来的行业格局可能是"科技巨头卡位人工智能平台和入口，创业公司在垂直领域扩展深度应用"。近年来，中国创业热潮不减，企业纷纷布局人工智能，在行业巨头和创业项目上都具备数量优势，势必将促使中国在人工智能领域取得全球领先的地位。本章介绍如何在这个创新的时代进行创业形势分析和创业布局。

13.1　信息时代新业态的涌现与挑战

13.1.1　产业融合背景下的新业态

　　新技术革命是一场技术群的革命，"大科学"的特征越来越显著。首先，科学研究已不再是少数人在实验室里的活动，现代科学的复杂性决定了其需要惊人的科研经费和人员投入。其次，传统的学科经过长期的分化，专业性越来越强，但是各个学科之间又开始频繁出现交叉学科。在某些研究领域，学科的界限不断地被打破，学科之间不断地进行渗透和融合。最后，随着对社会、经济等方面研究的逐步深入，研究者所面临的问题变得越来越复杂，难以简单地通过某个单一学科进行解决，因此，多学科协同研究成为解决问题的必要手段。产业融合使产业原有的边界在一定程度上慢慢模糊了，新业态开始以更快的速度出现在产业内部。随着企业间创新竞争的加剧，以及缩短科技成果转化时间的实际需要，科研人员在组织内部越来越重要，由于科技在影响生产率方面的作用越来越大，各个国家都开始重视培育本国的科技和创新能力。

　　为了增强本国的竞争力，发展中国家也在不断地提高研发投入，推动研发成果的转化。我国政府在 20 世纪 90 年代开始提出信息化的发展目标，在实践中逐步深化了对工业化与信息化协同演化的认识，并在某些新兴高科技领域和传统产业领域的新业态发展中取得了令人瞩目的成就。

建立在 TCP/IP 协议技术架构基础上的互联网，一直以来都对与其相关的产业发展有着非常深远的影响。处于应用层的企业可以大胆地开展创新，而不用考虑信息和服务是如何被底层网络传递和实现的。处于管道的网络层的企业也不需要了解自己的管道里到底跑着什么，只需执行各种命令并将需要传递的信息安全、低延迟地转移到指定的地方。这种各司其职的产业结构，正是由互联网的技术架构决定的。在应用层上，代表企业有视频网站、搜索引擎等。这些企业的创新之所以能如此快速地发展，正是得益于这样的技术架构的支持。然而，随着应用层各种创新的不断出现，使网络层具备更大的传输能力，更快、更低延迟服务的要求与日俱增。以美国为例，政府为了保护互联网企业的创新能力，出台了"网络中立性"（Net Neutrality）的相关规则，限制了以 AT&T 为代表的电信公司的差别定价权利，于是引发了法律界、经济学界对于以上问题的各种讨论和诸多诉讼案例。

柳传志、李稻葵等业界精英都在谈论继科技解放体力以后，科技解放脑力的第二次机器智能时代的到来。而我们身处的时代让我们切身感受到技术实现范式引导产业结构的变化。我国产业结构升级调整路径最终正是落脚在技术与科技创新上。

互联网从最初的针对学术领域的信息交流，转变为信息交互的商业应用，再转变到为个人提供产品与服务。在过去的几十年中，数字化与网络化发展给世界经济带来了深远的影响，极大地改变了传统的商业与生活面貌，不仅推动了生产率与国内生产总值（GDP）的快速增长，还极大地刺激了创新的不断涌现，同时，更便利、更低廉的产品与服务推动了消费模式与结构的变迁。伴随着信息透明度的提升与交易成本的下降，许多全新的商业模式出现在传统的产业当中，并导致基于互联网的业态创新正慢慢地出现在越来越多的产业中。这些新业态不仅有着更高的生产率，还有可能会创造出全新的产品或服务，并据此开发出新的市场。同时，新业态的产生将进一步加剧产业内的竞争，导致在某些产业中产生创造性的破坏。但是总体而言，新业态将会提升社会的整体福利，创造更多的社会收益，并提升经济的整体运行效率和资源的配置效率。

互联网的外延可以拓展为多种类型，包括云的物理网络。在这些网络中，每个节点可以是人，也可以是物体。这些节点既是数据信息的消费者，又是数据信息的提供者。由于节点的相互作用与关联形成了通信的需求，促进了数据的流动并进一步产生了新数据。在该架构下的沟通结构普遍呈现分布式的特征，而非集中式的。现在所提倡的"互联网+"思维就是基于这样一个泛在网络、数据横流、分布式连接的背景下提出来的。

13.1.2　新业态的潜力

互联网的发展所带来的新业态在以下 4 个方面有着巨大的价值创造潜力。

（1）互联网所带来的新业态能够缩减信息、产品或服务传递的中间环节，一方面减少了信息的失真，另一方面能够有效地降低实际的交易成本。例如，企业、客户、研究者和公共部门能够通过互联网以较低的成本立刻展开直接沟通与合作，特别是互联网为中小企业提供了直接获取客户的渠道，降低了营销网络的建设成本。

（2）新业态公司能通过大数据分析，在几乎不增加成本的情况下获取更精确的信息，提升市场洞察力。在这种业态运行的过程中，消费者提供了大量的可供分析的数据。而随着数据挖掘技术和云计算技术的快速发展，新业态中各种规模的企业都能够方便、低廉地拥有获取和分析消费者信息的能力。特别是大数据能够准确和低成本地分析借贷给小企业和个人的信用风险，为中小企业获取更低廉的融资渠道搭建了平台，以点对点网络借款（P2P）、众筹、互联网保险等模式为代表的互联网金融新业态逐渐成为金融领域的重要新兴力量。

（3）互联网新业态的低成本覆盖和市场聚合效应使长尾需求成为新的蓝海市场。互联网的普及和自动化交易的能力使它能以低成本的方式满足多样化的利基市场或者定制产品的需求，而满足这些需求对传统业态而言是无利可图的。

（4）互联网降低了产业的进入障碍，并模糊了产业边界，方便了提供新业态的企业进入。互联网极大地降低了企业的进入成本，使开办新企业更加快捷，更容易展开竞争与扩大规模，从而促使竞争的加剧和创新的不断涌现，而更高的竞争强度导致一些传统模式的没落与衰亡，也导致不能快速适应的企业被清出市场。

从国际上看，自 20 世纪 80 年代互联网诞生后，数据和信息化已成为时代发展的重要特征，其间来自大学、科研院所及企业研发中心的技术创新层出不穷，催生了一系列的高科技明星企业。正是这些企业及其所营造的商业生态系统，悄然催生着行业的巨大变革，业态创新在其中起到了举足轻重的作用，而且业态创新与技术演化的不同阶段有着良性的互动关系。自 20 世纪 90 年代末，中国开始出现大量的互联网企业，这些企业最初主要是对美国等互联网领先企业的模仿和追随，通过对原有业态进行本土化创新，从而快速地占据了中国的市场，涌现出了一批具有国际竞争力的企业，如腾讯、阿里巴巴、百度等。同时，由于国内企业往往存在很强的羊群效应，当国外一个新兴模式出现之后，国内总会产生一大批跟风的企业，造成了行业内的恶性竞争，最终导致这一行业逐渐成为一个资本密集型的行业，而非技术主导型的行业，如团购网站的兴起、打车软件的竞争等。在新的经济格局下，把握技术演化与业态创新的脉络，同时认清两者的形成与互动机制，将对指导企业创新实践至关重要。同时，对政府而言，建立一套完善的机制与健全的制度将保障企业在商业生态系统中的竞争优势，有利于企业发掘行业机会、领衔行业变革。

应用互联网的广义外延可以当前金融业的大热点——区块链为例，来说明技术发展、新业态与传统业务之间的关联。传统银行的网络是各自独立的，每个银行都有各自个性化的风控体系与解决方案。各自独立的网络与支付系统在银行间不兼容，所以不同的银行互不相通。如果从中国工商银行汇款给美国汇丰银行，采用的则是古老的发电报的方法，其跨境转账费用高，到账时间几乎要 1 周以上。这是基于全球大多数国家银行使用的银行结算系统——SWIFT。而近几年出现的一个电子货币的网络 Ripple 协议（可将其理解成为货币的互联网），则是把 SWIFT 中的集中式支付（由一个点向四周扩散）变成分布式的、支持任意货币的原子级交易，将一些手工记账的环节用技术手段替代。这样一来，银行间的货币流动就像拥有特殊安全编码的信息在互联网上的流动一样便捷、快速，并且极大地降低了货币兑换与汇款的成本。

由此看来，广义上的互联网技术（尤其是区块链技术）像是造成了化学反应，颠覆性地改变了传统银行的流程和货币流转的方式。与此同时，如今的传统银行通过 App、网上银行和手机银行等互联网技术改善了业务实施方式，虽然不是颠覆式改革，但这两者都对传统银行业务产生了极大的冲击。然而，不妨抛开这些技术，回想一下银行的本源。中世纪中期，欧洲各国商人在贸易时，各国的金属货币兑换很麻烦，于是出现了"坐长板凳的人"提供兑换服务，一来二去，他们掌握了有利的"信息"——没取回的现金、急需用钱的人、有余钱的人，在此基础上发明了一种把多余的钱借给需要用钱的人的盈利模式，就形成了银行的最初雏形。

所以，银行就是这样一个具有信息中介并承担担保、信用等功能的金融机构。网络 Ripple 协议实际上是通过互联网技术把这些"信息"用更快、更好、更便宜的方式，让需求得以满足。货币的流转在银行的账面上类似于信息的流转，所以在互联网技术的支持下，这些信息被扁平化以便更迅速地流动。如果加上电子货币（如比特币）的作用，就会为整个传统银行业务带来更大的冲击。从这个角度来看，互联网金融及区块链等技术对于传统银行业务的冲击又在情理之中。

13.1.3　新业态带来的挑战

2015 年，国家出台了《国务院关于积极推进"互联网+"行动的指导意见》（以下简称《意见》），《意见》中指出，要顺应世界"互联网+"发展趋势，充分发挥我国互联网的规模优势和应用优势，推动互联网由消费领域向生产领域拓展，加速提升产业发展水平，增强各行业的创新能力，构筑经济社会发展的新优势和新动能。坚持改革创新和市场需求导向，突出企业的主体作用，大力拓展互联网与经济社会各领域融合的广度和深度。着力深化体制机制改革，释放发展潜力和活力；着力做优存量，推动经济提质增效和转型升级；着力做大增量，培育新兴业态，打造新的增长点；着力创新政府服务模式，夯实网络发展基础，营造安全的网络环境，提升公共服务的水平。

《意见》着重提出了 11 个产业发展焦点，包括"互联网+"创业创新、"互联网+"协同制造、"互联网+"现代农业、"互联网+"智慧能源、"互联网+"普惠金融、"互联网+"益民服务、"互联网+"高效物流、"互联网+"电子商务、"互联网+"便捷交通、"互联网+"绿色生态和"互联网+"人工智能。

可以看出，国家的"互联网+"战略基本覆盖了全部的产业领域，将第一、第二、第三产业"一网打尽"。随着政策的进一步推进，无论是互联网本身，还是"触网"的产业，都将迎来新一轮的发展。在此背景下，以互联网公司为代表的 IT 企业开始试图通过各种方式向与个人生活密切相关的各个产业领域渗透，如手机、电视、汽车制造、零售业、金融业等。产业融合引发了新业态的不断涌现，这种新业态的飞速发展往往会导致传统的经济、管理理论在某种程度上的失效，以往的公共政策也面临着监管不力的风险，由此引发的争议和冲突必将会时时发生，因此有必要对这些挑战进行更早的认知。政府面临的挑战主要有以下 5 个方面。

1. 隐私保护和数据共享之间的矛盾

数字化时代的经济价值创造潜力很大程度上源自数据共享。例如，在卫生保健领域，将不同使用者对医院的评价结合在一起，能够提升诊疗效果和病人的满意度，从而提升医院与医生的绩效。同时，电子医疗记录的共享能够让不同医院的医生更好地了解病人的病史，提升公共卫生管理的效率。在金融领域，小企业和企业主信用历史的大数据分析能够降低违约的风险，从而鼓励银行增加对中小企业的贷款。尽管国内消费者乐意用在线隐私交换便利，但这并非意味着用户不担心欺诈或者信息泄露的风险。许多个人用户的确担忧他们的个人信息未经同意就被泄露或者使用，特别是当这些信息涉及自身的健康或财产时。当在线信息与消费者的物理地址联系到一起后，这些担忧变得更加严重，如房地产开发商的在线网络社区服务。由于缺失综合性的制度框架，因此难以消除消费者的顾虑或规范企业的行为，信任问题将会限制中国最大化利用大数据和开发数据的能力。

早在 2012 年年末，中国政府就颁布了初步的网上隐私法规，但是对违反规定者的强有力的惩罚措施与强制执行仍须额外的举措。政府的作用不仅仅在于制定企业在隐私保护方面的最低标准，还需要采取各种措施引导不同主体之间的数据共享行为。毕竟大数据的最大优势是将不同类型和来源的数据聚合到一起，但是即使消费者同意，企业和组织也可能不愿意与外部企业共享个人信息，因为这可能涉及法律和声誉风险，与第三方共享数据在法律上可能被视为泄露顾客信息。涉及企业能够共享的信息类型、允许使用的方式、需要客户同意的类型等方面的法规集合能够消除大数据在应用上的限制。通过将自身的数据集向公众公开或者为某些类型的信息制定数据格式标准，政府能够创造出巨大的动力来推动数据共享。例如，地图供应商能够利用政府已经收集的交通信息降低成本；电商平台能够使用政府提供的企业注册信息来方便地确认公司客户的身份；将来自不同医院的大量临床结果集合到一起，能够为管理者和政策制定者在做成本与收益权衡时提供更好的指引。

2. 传统监管架构和法规框架与创新业态之间的矛盾

在大部分环境中，现有的法律框架可以简单地扩展到对基于互联网的产品、服务和市场的管理中。例如，二手车市场在互联网发展前就已经被管制，在众筹的管理上可以借鉴银行的管理法规，移动医疗设备需要国家药品监督管理局的许可。在一些情况下，不需要为基于网络的创新建立全新的法规，这类创新能够适用于既定产业的现存法规。但是随着业态发展及商业生态系统的繁荣，法规应用环境变革的步伐加快了，政府的主要挑战将是如何在未来发展的不确定性增加的前提下，让法规能够继续适应不断演化的产业的发展。政策制定者需要放开眼界，多方面了解不断变化的格局，关注层出不穷的新技术应用的趋势和方向，多与产业参与者进行对话和讨论，保证与最新创新的实时接触。同时，法规的制定（或者至少是对现有法律的新解释）与监管需要考虑对创新的保护，需要从历史中总结教训或者"摸着石头过河"，因为不是所有的创新都会带来改善，有时也会产生曲折与波动。

3. 就业压力缓解，但劳动技能变更带来了新的劳动力问题

一方面，创业已成为不少大学毕业生的就业选择，并且数字化技术的发展在改变业态的同时，也改变着从业结构。不断发展的自动化处理技术导致一些组装和服务工作岗位的消失，同时由于其他企业的吸纳能力及员工自身的技能不足，会造成一部分原岗位工人的失业问题。互联网时代给劳动者创造了一些新的机会，劳动者可以进入互联网服务行业或者开辟新的互联网市场，如外卖、物流、网店等。另一方面，企业的转型带来员工整体知识结构的变迁，知识型员工，特别是那些拥有编程、大数据分析和用户体验设计等特殊技能的人员大量出现在现代化企业里，而且大部分的个体将比以往更频繁地更换工作。短期来看，这种错位使与时代需求脱节的工人求职更为困难，因为其中大部分人缺乏数字化经济所需的技能。政府能够通过与产业合作来推进培训项目，有效地帮助工人持续更新他们的知识储备与技能，从而减轻这种错位的情况。

此外，政府也能通过改变学校课程来培养公民，使他们具备更强的数字化学习能力，帮助他们应对越来越多的挑战，从而真正地创造出从学校到自主职业学习的完整渠道。新的数字化教育工具还能够提供低成本的学习机会，通过互联网模式，使用移动电话、平板电脑等工具提供更高质量的教育内容和学习辅助，而这些新的数字工具与大

数据的结合能提供更好的教育机会，产生更好的学习效果。

4. 推动产权保护和鼓励创新

为了推动创新的繁荣，现有企业必须能够从他们所创造的东西中获得收益。适当的知识产权保护就变得非常关键，既要鼓励创新，保证创新者能够从中获益；同时要实现创新的正外部性，因而不能采取过严的限制，如何在新形势下进行权衡是政府面临的一大挑战。"互联网+"战略的向前推进也给在互联网时代进行有效的版权保护带来了新的机遇和挑战。原国家版权局局长于慈珂表示，通过国家相关部门和行业企业的努力，近几年，互联网企业不断加大在版权内容采购与自制内容方面的投入，已经形成了良好的版权生态，使网络版权产业的产值不断增长。当然，目前网络侵权盗版的案件仍然层出不穷。例如，百度贴吧被众多作家联名告上了法庭，多个音乐软件被音乐公司起诉侵权等事件时有发生。如何处理互联网的免费理念与保护著作人权利之间的矛盾与冲突，如何通过更好、更有效的手段合理保护数字内容，仍然是在今后很多年要讨论和解决的问题。

5. 推动网络基础设施和标准建立

宽带和 3G 网络已经完全覆盖了中国的大城市，但是在小城市和乡村地区的互联网接入仍然不足。2013 年，中国的家庭宽带渗透率仅仅为 39%，这一数字远远地落后于发达国家，如美国为 70%，德国为 61%。随着网络基础设施的不断建设与应用，目前，中国的家庭宽带普及率超过了 60%，在部分城市或地区达到了近 80%，未来将进一步拓展至偏远地区。扩建网络是带来更多在线人数和促进产业发展的关键，云计算和大数据应用特别需要充足的宽带资源。互联网需要超出物理技术设施的基础，包括在需要互联网的领域确定清晰的标准，如物联网和电子医疗记录的基本格式。即使政府在有些领域内不能直接建立标准，也可以通过提供补助、在特别方向上直接实施政府采购，或者提供一些专项发展计划来驱动创新。例如，2013 年 10 月，国家科技部将 20 个城市列为试点的智慧城市，这种举措可能会帮助一些相关企业在此过程中发展壮大，并为未来的发展提供借鉴。

13.2　人工智能的创业挑战

对于国家而言，信息技术等新一代基础技术的影响可能表现在推动更快的 GDP 增速，以及基于生产率、创新和消费的增长。但是，最重要的是，这些技术的应用可能创造更多的社会收益，包括获取更广和更有效的资本途径，建立更有效的卫生保健系统，进行更有创造性的劳动力培训等。

中国较其他国家而言，互联网等新技术飞速发展的影响可能更大。这些新技术被认为是在未来几年里推动中国经济增长的重要动力源，同时还将改变增长的方式。在过去的 20 多年里，刺激中国经济增长的主要动力是大量的资本投资和劳动力投入，而这将难以持续下去。而互联网能够实现基于生产力、创新和消费的 GDP 增长。互联网也加剧了企业间的竞争，允许最具效率的企业更快地赢得市场，同时其创造的信息透明度将提升资本的投资效率。互联网也将推动劳动力的技能升级，并通过降低价格、大量地扩大信息获知范围和提供更多的新便利来提升消费者盈余。在经济向互联网转向的过程中会出现一些风险，但最终将支撑中国实现创造出一个可持续经济发展模式的目标。

以互联网为代表的信息技术正在或将要改变每个产业，并必将产生巨大的经济影响。互联网主要的影响是效率的提升，互联网技术允许企业改进和简化许多传统的商业流程，从产品开发、供应链管理到销售、营销的过程中，节省了大量的成本。互联网也创造了全新的市场，提供了先前没有出现过的全新产品和服务。

除了对 GDP 的影响之外，更重要的是互联网创造了更多的经济与社会收益。透明度、竞争与效率的提升能够在降低产品的价格的同时提升产品的质量，特别是互联网允许客户仅仅通过点几下鼠标就可以对无数个公司所提供的大量产品进行价格和关键参数对比。而通过互联网节省下来的钱，还能够用来进行额外的消费，允许消费者购买更高质量的产品和服务。此外，消费者能够通过互联网获得便利和多样性。例如，在线挂号预约系统能够减少甚至消除早上在医院外排队的情况，避免在医院内花费数个小时的等待时间；在线房地产清单能够帮助潜在的房屋买家更快地找到匹配自身需求的房子。更深远地，互联网能够刺激劳动力技能的升级，它为个人提供了获取海量信息的渠道和新的学习工具。各级政府都有机会利用互联网来提升公共服务传递的效率，从交通管理和税金征收，到教育和灾难响应。这些收益很多是不能够用 GDP 预测来反映的，而它们的影响确实存在。

除了这些常见的优势，以数字化与互联网为代表的信息技术对中小企业的优势尤为明显，这对于中国经济的转型至关重要。首先，网络平台（如淘宝、京东等）让中小企业的创业者能以较低的成本快速提升销售规模，同时通过网络采购平台与供应商合作，中小企业也能够提升供应链管理效率。中小企业可以通过信息技术拥有更低的交易成本，并获取更多的吸引消费者的能力。

其次，中小企业也拥有了获取负担得起的信息系统的途径，通过云计算可以让中小企业无须构建自己的内部 IT 系统就可以处理和收集数据，大幅降低了初始建设成本。中小企业在需求出现后才为数据存储和计算能力付款，可以购买针对特定消费群体的少量线上营销产品。以往构建庞大的销售网络和销售人员往往需要数年的时间，但是电子商务市场允许中小企业即刻与消费者进行直接交流，并提供了相关的支持服务，如付款和物流等。另外，小微企业甚至是个人都可能成为共享经济的供应者，正如有空余房间的个人通过 Airbnb 提供住宿服务。

再次，中小企业（特别是初创企业）的融资难题似有破局之招。中小企业往往很难从传统金融机构获取足够的资金，然而互联网公司让放款有了评估信用风险和降低交易成本的新工具，私人银行和互联网金融提供商（如阿里巴巴和京东）纷纷服务于这个传统金融机构难以顾及的市场。而他们之所以能实现对中小企业的融资服务，即为进入该平台的电商提供小额信用贷款服务，与他们利用和整合信息技术的能力是分不开的。

最后，中小企业通过网络实现产品和服务出口，"足不出户"就可以形成跨国业务，这在过去是不可想象的。中小企业通过国际批发电商平台（如阿里巴巴和环球资源网）参与到国际贸易之中，也可以通过国外的"客对商"（B2C）或者 C2C 平台向国外消费者销售产品。为了产品得以成功出口，中小企业需要在价格、质量、设计和交付时间上竞争，还要构建有意义的品牌和售后服务。

中小企业是国家经济的主体，承载了大量的就业，并创造了巨大的价值，当中小企业有了增长、合作和实验的平台，整个经济将从中受益。新想法和样品更快、更简单和更低廉地被检验和铺开，加速创新并引发许多产业内良性竞争的加剧和生产率的提升。特别是在中国中小企业的生产率远低于中国经济的其他主体的情况下，这种优势体现得更为明显。

13.3　人工智能的创业思维

没有落地的技术都是纸上谈兵，做人工智能技术需要解决的第一个障碍就是如何落地。在思考这个问题之前应该厘清当前人工智能的前进方向，把握企业的发展方向和定位，并把握住机会。当今人工智能的发展迅猛，若不把握住市场需求将错过诸多发展时机。李彦宏在《智能革命：迎接人工智能时代的社会、经济与文化变革》一书中曾用"工作引擎"模式来分解人工智能战略的落实步骤。

要根据人工智能的推进方向和企业要在人工智能时代抓住的机会设置新的发展方向，确定崭新的使命和愿景。在制定决策时要遵循一定的原则，人工智能将创造新的、有巨大增长潜力的业态，如无人驾驶汽车、对话系统等；人工智能也可能给某些行业带来阻碍，因为新的人工智能驱动产品在某种程度上会取代原有产品。

在人工智能时代，企业能否保持差异化的关键在于其是否拥有独特的数据资产。"地平线模型"是一个良好的框架，可以用于制定决策和组织投资组合。大致做法如下：在 H1 时段（未来 18 个月）围绕目前的核心业务展开；在 H2 时段（未来 18~36 个月）投资于创造盈利引擎；在 H3 时段（未来 36 个月+）致力于具有更大潜力但风险更高的长期投注。人工智能浪潮提供了诸多的 H2 时段和 H3 时段，一些人工智能投资甚至可以帮助增加 H1 时段。总而言之，人工智能处于非常早期的阶段，有很多的未知性和不确定性。要想真正深入地理解人工智能，有原则性和务实地做出决定非常重要。

13.3.1　本土化的业态创新

2013 年以后，国内的互联网金融和近两年的金融科技（FinTech）的发展，让我们得以更深刻地体会到国内非常有特色的业态创新。

近年来，国家对金融领域的管制逐步放松，互联网金融等新兴业态快速涌现，金融企业间的竞争愈发激烈。在这种情况下，传统金融机构的利润遭到了侵蚀，致使他们迫切需要利用网络技术来降低成本和开拓新的市场。支付宝之所以推出"花呗"这样的信用消费服务，是因为长期积累了用户的各种购买信息、银行信息，并在此基础上进行大数据分析，建立用户的信用记录（当然也与其对应收账款进行资产证券化的财务操作有关），以此来降低贷款风险。

这些新生业态迅速让银行、证券公司和保险公司等传统金融机构觉醒，后者开始利用信息技术来提高服务效果，纷纷建立了线上渠道来进行有效营销和客户互动。经中国工商银行测算，在线交易的成本仅仅为柜台交易成本的七分之一。改进的风险管理和低交易费让银行能够服务更多的零售客户和中小企业。今天，中国客户大约 60% 的金融资产是银行存款，但随着互联网降低了交易成本，也降低了财富管理产品的最小投资门槛。

此外，在线货币市场基金、贴现票据经纪业和第三方在线市场开始兴起。互联网支付平台为网上零售提供了关键的基础，也导致线下零售的消费增加。从整体上看，这样的良性业态创新正在中国各行各业，尤其是服务业蓬勃进行。互联网乃至涵盖更广的数字化经济不仅是未来几年里推动中国经济增长的重要动因，而且将彻底改变经济的增长方式。互联网正在刺激中国产业从低生产率模式向更具创新性与技术先进性的高级商业模式转型。互联网通过对现有产业的传统产业链的整合，促使一个又一个新业态的产生。

　　上文提到的服务业创新，很多源自与互联网相关的消费电子制造领域的创新活动的爆发。当前，互联设备（如智能家庭应用和网络电视等）是非常活跃的创新领域之一。例如，海尔开发了 U-home 解决方案，试图将家庭的娱乐、安全和照明系统集成到一起。此外，中国消费者已经表现出对数字电影、电视节目、音乐、游戏和其他媒体内容的极大热情。2013 年，70%左右的互联网用户使用在线流媒体，大约一半的用户使用移动在线流媒体。包含数字存储、文件共享和其他应用的消费者云服务已经成为另一个增长迅速的领域。同时，消费电子产业开始利用互联网来提升效率。企业可以从规模巨大的供应商那里选择和获取最优价格的精准投入，还能够在线上获得更精准的目标市场。从 2009—2012 年的消费电子类产品的销售情况可以看出，这类产品的电子商务销售出现了惊人的增长，复合增长率达到了 103%，而同期的实体销售的增速仅为 9%。尽管目前电子商务销售在体量上还远不及实体销售，但是不可否认的是电子商务正在成为销售领域的重要组成部分。另外，一些公司利用互联网平台通过众筹产品开发的方式来获知消费者的真实看法。例如，智能手机生产商小米公司就利用粉丝的在线社区来获知用户对产品改进的需求，并据此提供每周的软件升级服务；京东通过自身的平台为众多消费电子产品提供众筹服务，如手机、吸尘器、电动车等。

　　减缓的增速和过剩的产能还将持续迫使中国的汽车产业提升生产力。随着互联网逐步深入各个产业，中国汽车生产商和关联价值链上的其他公司将通过互联网工具来面对不断出现的挑战，并且创造新的增长模式。领先的制造商已经在使用实时数据来优化供应链的库存水平和运输线路。事实上，麦肯锡公司的一项调查表明，高效的公司的库存周转速度是低效公司的库存周转速度的 5 倍。

　　除了制造环节，在销售和流通环节，数字化技术能够帮助汽车生产商更有效地执行成本管理。例如，斯柯达和大众公司已经开始尝试在自己的网站或天猫平台上出售汽车，与此同时，易车网和汽车之家等这一类专业汽车网站的发展非常迅猛。除了提供安全装置和驾驶辅助之外，互联网能被用于传达维修通知、运行远程监测，为代理商和车主节省服务成本。目前在中国大陆地区，通用汽车公司的安吉星系统能够提供 GPS 和维修通知，宝马公司的 ConnectedDrive 系统能够通过智能手机实现远程控制，奔驰公司开发了"Mercedes me"数字平台以便为车主提供智能化的服务。中国汽车生产商以往的关注点是首次购买者，往往对这些客户并不了解，但是顾客一旦购买了汽车，将提供有价值的信息来帮助企业获得未来的汽车销售和增值服务。互联网还能够追踪和停用那些存在过失行为的汽车，这使得贷款方和经销商乐于给中国的中小企业主发放汽车贷款，即便这些群体缺乏充分的信用记录。

由于中国的汽车市场远未成熟，二手车市场更处于发展的初期，因此还存在着各种各样的问题。但不可否认的是，这一市场有着巨大的增长潜力和成长空间。根据发达国家的汽车市场成长经验，结合中国市场的具体情况，有预测指出，在 2020 年，随着新车销售市场的增速放缓、汽车消费观念的逐渐成熟，以及二手车买卖的进一步规范，中国的二手车市场会有极大的增长。

另外，优信拍和车易拍这类电商平台将帮助代理商取得优质的二手车资源，帮助顾客选择合适的汽车，同时增加每笔交易的信息透明度（而这也是目前二手车发展所面临的重要障碍之一）。

在车辆运营方面，大型汽车租赁和汽车服务公司都已经使用线上渠道（包括多样化的手机应用）来降低市场费用及节省开支。出租车和约车服务能够更好地实现空闲车辆与乘客的匹配，方便人们出行。

此外，海量信息还催生了一些新的业态。例如，物业管理公司建立的在线社区将特定小区的住户联系起来，便于进行定期的管理、维护工作或者提供增值服务；网上零售减少了对零售空间的需求，冲击了实体商场，却增加了对拥有先进技术和优异性能的现代仓储的需求。

数字化技术带来的社会福利更深刻地影响着人们的衣食住行。中国卫生保健系统面临的挑战之一就是结构失调。80%的资源集中在市区，病人更喜欢去一线医院排队看小毛病。通过将一线医院与社区卫生服务中心联系起来进行病情诊断，构建区域卫生信息系统，能够缓解上述问题。北京和上海正在运行区域卫生信息系统，而其他一些主要城市也将建立这一系统。远程医疗和远程监测能使偏远地区的患者可以与几百公里外的专家进行交流，从而拓宽了就医的渠道。这些新兴服务形式正在当下的中国飞速发展，但是要想获得全面的推广，还需要一些激励措施。虽然这些新兴服务都处于起步阶段，更广泛的效果需要假以时日才能显现，但一些创新已经能让医院、医生和患者都感受到情况正在不断改善。例如，电子健康档案和网络追踪系统能够实现标准的病情处理协议，医生可以从学习门户网站（如丁香园等）获知最新的研究，病人能够通过医疗卫生平台对医院和医生进行评价和评论，挂号网等在线预约系统能够减少在一线医院等待的时间，好大夫等在线咨询平台也允许病人直接向专家提问。这些工具使治疗效果变得更加透明，同时提升了病人满意度，从某种程度上来说也增加了医院和医生的压力，促使他们不断地提升诊疗和服务质量。

13.3.2　决定企业是否长久的创业因素

人工智能行业的领军企业具有可以改变世界的愿景、世界级的技术远见、强大的科研团队，这些需要与企业愿景、智能技术的呈现和产品开发相一致。例如，DeepMind、谷歌、百度及一些积极进取的先驱企业都具有该模式。

此外，更新研究机制也是必不可少的，这是因为 IT 行业及学术界普遍不擅长将研究成果商业化。最近，Other Lab、OpenAI 及其他一些人工智能的初创企业正在积极招聘研究团队，这是一个新的趋势。有许多工作需要各类组织（如大学、早期生态系统、大型企业、培训和研发机构）协同制定结构化的和可持续的解决方案。

投资力度是企业应考量的重要因素。随着智能革命的不断深入，人才"争夺战"不断升级，导致发展人工智能的成本不断提高。一些初创企业能够筹集大量资金，是因为长期的投资回报是非常巨大的（高风险带来高回报）。制定投资规划的关键在于排列资源的优先次序及一个能够反映人工智能风险的深思熟虑的决策过程。

在所有客观条件逐渐汇聚之后，人就成为决定性因素，其中，领导才能是一个深远且难得的要素。鉴于人工智能与以往完全不同的核心技术（以神经计算为核心），它需要高层管理团队的高级管理能力。同时，人工智能驱动的新兴行业是如此多样化和跨学科（从基因学到机器人，凡是你可以想到的），因此企业需要具备创新精神的员工。这并不容易，因为今天的社会生活在很多领域都是非常专业化的。微软研究院首席研究员比尔·巴克斯顿（Bill Buxton）提供了解决方案，即为高级管理层建立一个充满创新精神的团队。

值得指出的是，人工智能创新的核心是"数据—知识—用户体验—新的数据"反馈循环。对这个反馈循环的容量和速度进行优化是规划中非常重要的一环。最后要强调的是，居于战略核心的是基于当前的现状积极设定目标并开展可以实现目标的行动。

13.4　人工智能创业如何布局

在 2014 年的两院院士大会上，习近平主席对大力发展机器人产业给予了高度重视并指出，"机器人革命"有望成为"第三次工业革命"的一个切入点和重要增长点，将影响全球制造业格局。我国将会成为全球最大的机器人市场，但我国现有的机器人技术与制造能力还存在较大的提升空间，未来要提升我国机器人产业的发展水平，就要抢占更多的市场份额。

毋庸置疑的是，工业机器人是衡量一个国家经济发展水平及高端制造业水平的重要指标。在国家的大力支持及引导下，未来会有越来越多的创业者及相关企业加入工业机器人产业。工业机器人是一种极具代表性的智能制造设备，在汽车制造、机械加工、食品加工及电子电气方面有着极为广泛的应用。目前，市场中流通规模较大的工业机器人包括测量机器人、喷漆机器人、装配机器人、弧焊机器人、搬运机器人等。

以工业机器人为核心打造出的自动生产线将成为制造业发展的一大主流方向，它能够极大地提升生产效率、产品精度，同时缓解劳动力短缺等问题。

2015 年 12 月 3 日，贵阳大数据交易所发布的《2015 年中国大数据交易白皮书》中表明，2014 年，全球大数据市场总规模为 285 亿美元，同比增长高达 53.23%，2020 年这一数字将增长至 1263 亿美元。在谷歌、百度、阿里巴巴、亚马逊等行业先行者的推动下，大数据正在向多个领域不断渗透，而大数据与工业机器人的结合必将爆发出巨大的能量。下面从商业模式的角度来分析大数据将会给工业机器人产业的商业模式带来的变革。

从发展实践来看，企业商业模式的核心要素主要包括以下 9 种。

（1）价值主张，即企业为消费者创造价值，产品及服务则是输出价值的载体。

（2）客户细分，即企业根据自身的产品特点及发展战略对目标客户群体进行细分。

（3）分销渠道，即企业将创造的价值成功到达目标客户群体的具体路径。

（4）客户关系，即企业与客户之间通过交流、合作等建立信任关系。

（5）核心能力及资源。核心能力及资源使企业能够在激烈竞争中存活下来，当然对于不同的企业而言，其拥有的核心能力及资源在表现形式上存在一定的差异，但其本质却是统一的。

（6）关键业务，即企业在运营过程中对核心资源配置及生产流程进行优化。

（7）合作伙伴。企业的运营需要多种因素提供支撑，如市场环境、监管政策、合作伙伴等，相对其他因素而言，企业在合作伙伴方面可以发挥的空间更大，能够通过与产业链上下游企业建立稳定的合作关系，从而创造出海量的价值。

（8）变现方式，即企业通过什么方式来将产品或服务转化为利润回报。

（9）成本结构，即企业的价值创造活动需要消耗的人力、财力、物力等多方面的成本。

综合上述 9 种核心要素间的关系，我们可以将商业模式划分成为 4 个层面：价值主张层面、客户层面、设施层面和财务层面。客户细分、分销渠道和客户关系属于客户层面；核心能力及资源、关键业务、合作伙伴属于设施层面；变现方式和成本结构属于财务层面。

数字化给商业运营带来的转变需要企业重新思考方方面面的变化，从企业文化到战略、运营、组织和伙伴关系等，以下是企业需要格外注意的一些方面。

1. 更加了解消费者，构建消费者的信任

维系消费者的关键因素是以能获取长期信任的方式处理个人数据。最大化数据的价值潜力和保护隐私之间的权衡是每个企业所必须考虑的问题。在遵守法规的前提下，企业必须主动引导用户了解个人选择的结果，并在交易过程中注意和使用安全手段。通过征求用户的意见和严守必要的界限，企业能够长期获得顾客的信任。竞争对手需要同心协力共同构建公众的信任，一些中国互联网企业已经用签署行业自律协议的方式来构建信任关系。

企业可以在教育顾客、了解创新性的新产品或者共享个人数据方面进行努力。其中一些收益是非常直接的，用户也没有过多的疑虑，如获取次级汽车贷款。一些利益则是间接的，如共享医疗记录等。因为现有的数据采集仍然有限，企业需要从产业层面出发编制资料。企业也需要提前披露一些关键信息，以防用户因为不明白或者担心风险而不愿意分享个人数据。

由于具备大数据的分析能力，越接近市场的企业就越能全面地掌握消费者的信息。以电子商务为例，一个电子商务的平台就可以拥有

消费者的网络浏览、搜索与选择、金融账户和购买习惯等一系列的信息。这些信息形成了可视化的消费者类型，能够帮助企业全面地了解用户，这与基于用户调研结果基础所获得的用户知识截然不同。通过这些数据，企业可以完善现有业务，同时衍生更多创新的业务类型，进而形成新业态。这也是现今的企业都非常重视平台建设但又拼命争夺市场占有率的原因之一。

2. 迎接竞争的新浪潮

举个简单的例子，打车软件对传统出租车行业的调度服务形成了很大的冲击，而且乘车体验的优化使前者拥有了竞争优势，无疑从而影响了整个出租行业。但是很少人想到打车软件会对车载调频广播电台的业务产生影响，特别是影响了广播电台的广告投放。这种不可预见性对广播电台运营上的冲击，仔细想起来也并不奇怪。车内广播的听众以出租车司机居多，而这些司机现在都忙着在打车软件上抢活，然后再通过聊天软件消磨时间，听广播的人数肯定会下降。随着收听率的下降，广播电台赖以盈利的广告业务就受到了冲击，当然这些潜在的广告投放有了新的选择，如嵌入打车软件等。

在互联网掀起的巨大竞争浪潮中，没有企业可以逃避竞争，而竞争者的来源和类型更加难以预测，只有足够机警和更具柔性的企业才能生存。互联网让很多原本没有交集的企业突然之间变成竞争对手，这种意想不到的竞争往往让在位企业不知所措。除了上述例子，随着共享经济的发展，客户可以从汽车的所有者转变为共享者，也可以从住旅店改成住在房东多余的房间里。这些新的发展类型都会影响现有产业（如出租、旅游等）的潜力。当产业间的障碍开始消融，竞争将从意想不到的地方出现。例如，在金融服务业，一批来自技术端的新竞争者开始挑战传统的金融机构，阿里巴巴与基金公司合作，通过高于银行活期利率数十倍的利率，吸收了大量支付宝用户的闲余资金，并对传统的银行存款业务造成了巨大的冲击。与长期根植于产业的头部企业相比，在某些情形下，来自技术端的公司可能擅长通过数据挖掘和获取新优势。通过并购或者与竞争者建立伙伴关系，使传统企业前行一大步。

互联网赋予了创业企业以低成本实现快速规模化的能力，摆脱了旧有观念的束缚。以往需要几年才能建立起来的销售网络，可以在一夜间就被构建。其结果是竞争更加激烈，新的赢家可能涉足更多的产业。规模更大的现有企业，包括在某些方面受到保护的国有企业，都将调整自身以应对创新型新进入者所带来的挑战和无形风险。企业所有者和首席执行官（CEO）将承担其所做决策的结果和深远影响，这些决策决定了企业做生意的方式。预先投资可能会在短期内恶化成本结构，但是赢家将在未来几年持续获利。竞争意味着企业需要提供顾客所需的具有特色的差异化产品。如果不这么做，企业将被迫进行纯粹的价格竞争，而消费者将获取其中大部分的竞争收益。

3. 转变运营方式，注重市场关联

互联网迫使所有产业的企业重新思考自身的运营方式，放弃过去做生意的旧方式，并变得更加机警。企业需要构建一个远大的愿景和清晰的战略来处理数字化变革。企业不仅要注重面向客户端，还需要将互联网技术与后台功能及物流结合起来，从而提升运行效率、节约成本。企业需要明晰通过互联网技术的引进达到何种目的，同时还要进行涉及领导力、人才、理念、文化、流程与组织架构等方面的战略设计。这意味着企业的主要信息管理者将发挥更重要的作用，承担更大的责任。

实施数字化变革需要对现有流程进行"端对端"的彻底检查，使其能够支持特殊的和改进的用户体验，这意味着线上和线下渠道的配

合。在一个紧密配合的团队中，一些成员进行关键的经营活动，另一些成员负责配合，而 IT 专家负责研发实现快速到达和有效结果的技术。

随着电子商务的快速增长，企业需要在多渠道经营中取得平衡。互联网创造的价格透明性增加了企业的竞争压力，让线上和线下渠道的价格冲突变得越来越普遍，在线上和线下商店中同样出售的一件商品，很容易出现 5%~30% 的价格差。这种情况往往会让线下经销商和顾客产生困扰。2016 年 3 月，中国 3G/4G 用户数已达 7.59 亿人，客户在线下商店购买东西时用智能手机比价的现象变得更加普遍。如果顾客在线上看到商品有库存，但是在线下商店不能获取同样的商品、价格和体验，就会产生不满情绪。企业可以通过分开线上和线下的库存来避免直接对比，监控线上价格并处罚违反指导价的经销商，调整线下和线上驱动的关键绩效指标，通过避免线上销售团队和线下经销商的冲突等方式来解决这一问题。

4. 获取合适的人才、注重员工培养

对企业而言，获取合适的人才将是一个巨大的挑战。随着越来越多的企业采用互联网技术，他们将面临人才短缺的问题，特别是那些会使用大数据和会进行高级分析的特殊人才。企业对拥有相关产业知识和一流技术能力的员工将有巨大的需求，选用有技能的员工比选用有产业经验的员工对于企业而言更有意义。例如，在金融业，来自技术端的初创企业需要那些懂得如何进行风险评估的员工，而现有的金融机构需要雇用高技术人才。不仅仅是技术密集型、资本密集型产业需要这样的人才，传统的劳动密集型产业同样需要增加更多的知识型员工，以便帮助企业更好地适应不断变化着的消费者需求。

除了从外部雇用紧缺人才，企业还需要通过培训等方式提升现有核心员工的知识和互联网技能。企业对现有员工的培训可以通过产业合作、与教育机构合作或者企业与企业之间的合作设计外部培训项目等方式实现。对现有员工进行再培训而不是替换他们，从而免除招聘和培养新员工的麻烦，更不用说裁员带来的严重社会成本。

企业可以通过雇用来获取特殊高技术人才，而大企业可以通过并购小科技企业来加速数字化转型进程，并将数字化行为融入现有的运营活动。数字化人才有着不同的工作方式，一些企业通过设置"围栏"避免干扰。例如，沃尔玛在 2011 年建立了名为"Walmart Labs"的技术孵化器，作为其在硅谷的电子商务部门的一部分，并远离现有的企业总部和运营部门。这一组织上的创新（如统一的企业在线商务平台）帮助沃尔玛在 2013 年增加了 30% 的线上销售收入，超过了亚马逊的增速。这一方法并不适用于所有大企业，然而这可能是企业向数字技术转型进行内部整合的一步。

5. 构建和运营新生态系统

新业态意味着传统的商业模式不再适合企业的现状，企业的生存环境越来越像一个生态系统，竞争、策略已经不只作用于自身熟悉的市场，而是出现"牵一发动全身"的动态演进状态。传统的产业链和价值链往往建立在从企业生产后端到服务的市场前端这样的线性结构上，并不能很好地帮助企业解决在商业生态系统中持续发展的需求，因此，拥抱新业态的企业必须利用有效工具认识、构建和运营新的生态系统。例如，网上零售减少了对零售物理空间的需求，增加了对现代仓储的需求。然而，新生态系统成功的关键在于能够为所有的参与者定义清晰、可持续的收入来源和激励措施，让这一系统对于产品/服务的供应商和用户都有足够的吸引力。例如，远程医疗帮助病人以较低的价格获取高质量的医疗资源，但大多数病人不能负担购买相应高昂设备的成本，而一家落地提供医疗服务的一线医院缺乏提供远程医疗的动力，因为他们已运营多年的实地医疗服务已经满负荷运营。

俗语中的"鸡生蛋还是蛋生鸡"形象地刻画了生态系统建设初期遇到的问题。目前,很多企业所开展的通过各种补贴占领市场份额,以获取在相应市场的竞争优势的举动,就是企业在生态系统中实际采取的行动。

一般而言,构建成功的生态系统(特别是开放系统)往往需要协同种种互补产品的生产商来共同为消费者服务,进而体现产品或服务的最大价值,而这些互补产品的提供需要来自不同领域企业的共同努力。例如,成功的线上市场需要有便捷的物流、市场营销或者支付服务。智能手机生态系统也需要有更多的附加产品来应对挑战,如谷歌和苹果都支持开发者社区建设,以此来增加各自软件平台上应用的数量和质量。此外,为了完全开发生态系统的价值,竞争者需要联合起来构建一致的标准和开发广阔的市场。例如,AT&T、Cisco、GE、IBM和 Intel 于 2014 年 3 月构建了产业互联网联盟,并建立互联网的通用标准,使互联网价值链条上的所有企业在通用标准下协同发展,减少了开发转移的成本。

思　考

　　人工智能技术的落地和普及给人们带来便利的同时，也给人们带来了工作危机。如何应对人工智能时代的发展、如何做出自己未来的职业规划、如何避免自己在人工智能时代被淘汰，这是人们迫切想要寻求的答案。人工智能技术的不断发展给现有的法律体系也带来了冲击和挑战。如何通过法律来约束、规范和促进未来人工智能的发展是人们面临的一大问题。法律一般会对社会新技术的发展做出相对滞后的回应，但是在人工智能领域，是否需要做出一些具有前瞻性的立法布局及如何进行布局是全球各国需要共同面对的法律难题。

人工智能时代的选择与发展

　　如今，人工智能在各领域的快速发展得益于其融合了众多学科，特别是认知神经学。如果仅仅局限于某个学科，就不可能有革命性的创新。在本书的开篇，我们曾提到人工智能所带来的失业恐慌情绪，这种情绪主要源自人们对人工智能的陌生感，以及对自己未来职业生涯不确定性的担忧。实际上，机器或者程序深度"思考""决策"的能力是从大量的数据内容中逐渐学习获得的，在这样一个机器都需要深度学习的时代，人们更需要深度学习。基于认知神经学的人工智能受到了人类大脑的神经元的启发，那么，我们应该充分利用自身身体机能的先天优势，广泛地汲取各领域的知识，不断地产生新的知识和技能。

　　目前，人工智能的发展倾向于具有特定功能的专家系统，与其相比，人类的优势在于可以通过学习使自己成为多领域的复合型人才，即跨界学习，除自己专攻的领域之外，还可以同时学习其他领域的先进知识。在如今这个网络盛行、知识付费的时代，大量的学习视频、知识博客、开源软件等给我们提供了学习的便利条件，只要充分利用这些资源就可以学习或掌握一些技能。

此外，互联网企业风生水起的短视频社交软件的目标是打造社交环境，这也为我们实现团队学习"1+1>2"的目标创造了条件。由于人工智能的发展，教育领域的应用也在创新，利用互联网产品进行团队学习，以最便捷的方式实现知识共享，使人们能够在更短的时间内、以更低廉的消费获取更高效的学习。

与其被动地面对人工智能的挑战，不如主动参与到人工智能的浪潮中。只有积极应对社会科技的变化，才能保证不在高科技时代被淘汰，从而解决我们未来可能面对的问题。

在未来的人工智能时代，大量的工作将被人工智能机器取代，以人类为主导的工作将备受青睐，分析人才也将成为各企业追逐的对象。为了更好地应对这种情况，管理者需要采取以下3项措施。

（1）主动探索。为了更好地应对人工智能带来的变化，企业管理者要主动探索，积极引入人工智能，对人工智能形成自己的思考，并将这种思考转移到下一阶段的尝试中去。

（2）制定新的关键绩效指标，以推动人工智能的普及应用。在引入人工智能之后，企业考核员工绩效的标准要发生变化，合作能力、决策能力、实验能力、信息共享能力、学习能力、思考能力将成为关键指标，以激励员工不断进步和发展。

（3）重新制定培训和招聘战略。在引入人工智能之后，管理者要重新制定培训与招聘战略，组建能力多样化的团队，在经验、创造力、社交技能等方面维持平衡，相互补充，共同发展，为做出科学的判断提供有效的支持。

尽管在短期内人工智能不会取代人类管理者的工作，但随着人工智能技术的快速发展，这种情况有可能会出现，人工智能技术所带来的改变也会超出大多数管理者的想象。对于有准备、有能力的管理者而言这是一个机遇，人工智能重新定义了管理工作，借助人工智能，他们能实现更好的发展。

由于人工智能各关键要素持续地进步，人工智能的内容生产还将持续发展。在计算力方面，人工智能服务器快速地向集群化发展，计算力变得更强大；在算法方面，深度强化学习（DRL）、生成式对抗网络（GAN）等新算法持续发展，带动人工智能在内容方面持续出现新的突破；在数据和人才方面，随着人工智能研发的门槛逐步降低，更多的开发者和内容创作者参与进来，积累了更多的数据，人工智能的性能也随之提升。

遵循着"研究—试点—应用"的原则，未来将会有更多的应用逐步落地。目前，很多人工智能内容的生产研究已取得惊人的成果，随着技术的成熟，其中部分研究可能逐步投入商业应用。在已经投入应用的领域中，人工智能应用的规模则会继续扩展。随着技术的发展，可能还会有更多新的研究成果诞生，并逐步商业化。

本书已经列举了很多关于人工智能的应用，但在其他方面，人工智能还有应用的空间。例如，婚庆视频、电子相册、电影宣传物料、产品设计图、公关软文，以及高度结构化的设计图、文案等。很多凭借经验和感觉的相关技术，有可能将其经验逐步固化到人工智能中，如图片处理、动漫上色、产品界面（UI）框架设计、起名等。

总体而言，目前的"人工智能+内容生产"还处在研究和试点应用的阶段。由于还没有达到规模化商业应用的水平，我们需要重点关注的应该是人工智能生产的内容能够达到何种效果，至于人工智能后续以何种产品形态实现商业化、如何实现该产品的商业化落地、应用后如何影响内容产业，现在讨论还为时过早。

在一段时间内，人工智能或许可以在少数领域完全替代初级内容创作者，在更多的领域仍会作为辅助工具，很可能是以各种内容生成工具的新功能的形式出现。机器能够替代人类完成内容创作的大量工作，但内容创作的核心理念、思路和精髓，仍需要人类来把控。毕竟，内容以人类为本，最终是给人类看的。

人工智能时代的文化与法律

文化是一个组织的持久力量，它可以打造企业持久的领导力。对于许多成熟的企业（如谷歌、百度），人工智能浪潮代表着一个重大的挑战——需要获取新的人才、新的技术专利及创造与之对应的新文化。在这个过程中，保持执着、积极主动、有耐心的心态是极为重要的，因为文化转型是一个成熟企业最具挑战性的工作之一。另外，需要一提的是，与学习人工智能的新方法相比，更困难的是忘却旧模式下的工作方法。

由于我们正处于人工智能浪潮发展的初级阶段，因此，招聘并维护人工智能领域的专家对管理者来说是非常重要的。

总体上，有目的地进行长期管理是抓住重要机会而不仅仅是抓住人工智能浪潮的关键。如何调整结构来吸引更多的资金和人才，对企业管理者而言是一个有趣且极具挑战性的工作。面对更深刻、更有趣、更具挑战性的问题本身就是人类进步的标志。

人工智能的发展面临着许多关键性的问题，除技术发展的问题之外，还有很多是关乎社会管理、法律约束的问题。例如，2017—2018年，从盛行到衰败的共享单车平台和共享汽车平台，这些平台考虑到了广泛的市场需求，但是没有相关的城市管理条例和法律条件对其进行约束，从而出现了单车随机停放、扰乱城市管理，以及共享约车的安全性等问题，所以目前共享租车行业和无人驾驶汽车行业发展所面临的最大瓶颈是对相关法律、法规和公共管理规则的指定问题。

监管的传统做法是在界定好的市场中，约束企业行为、保护市场竞争和维护消费者权益。特别是在中国，各行各业都有自己的监管对口部门出台相应的政策。以互联网为代表的数字化变革给产业带来的影响主要表现为行业边界模糊、彼此融合，以及业务类型变化和演进，过去界定的监管职责和范围的僵化难以适应现在的发展。例如，金融业的相关政策法规会限制一些线上创新的活动，法规要求银行能否在网上开展某项业务取决于这项交易是否需要本人亲自确认，这些限制决定了银行的网上业务不能像其他互联网业务一样可以自由地发展。再如，保险产品的在线市场能否成倍扩大取决于政策定价是如何规定的。在线市场能够推动二手车的销售，但是二手车在线平台顺利发展的关键在于对跨省交易法规的修订。金融业务的不断创新，对金融业传统的"一行三会"监管格局提出了各种挑战。

也有一些新的法规（或者至少是对现有法律的新解释）出台以减轻投资者关于参与新兴商业模式的担忧。一些企业家试图通过众筹的方式进行融资，以获得创业的第一桶金，但是投资者对于网络众筹、借贷的合法性和可信性方面仍存有较大的顾虑。我们也看到，很多网络借贷推出"首付贷"等产品为房地产市场推波助澜，直到政府出台政策对此叫停。

如何突破"不管则乱，一管就死"的僵局，这需要政府的智慧、及时的对策响应，以及高瞻远瞩的全局观。

人工智能不仅停留在技术层面，它也使整个社会的运作方式发生了改变。深度学习技术的最大作用在于预测，这也给旧有的法律思维带来新的启迪。例如，法律将从事后补偿模式向事先预防模式变化，不过这个过程具有不确定性。

从算法的复杂性来说，技术界区分了强人工智能和弱人工智能。有学者认为，人工智能在技术认知上没有问题，但在法律上很难按照智能程度给出精确的标准。因为法律应对复杂世界的方式是确立一般性的简单规则，在概念上对社会个体进行抽象假定（如行为能力），而非针对特殊主体，否则规则体系本身将变得异常复杂且难于理解和操作。生产资料之间的信息变得越来越对称，但作为信息匹配中介的人工智能却变得越来越不透明，其规则设计和运作使用户甚至开发者都无法理解，这就回到了法律如何处理与代码的关系的问题上。

上述问题具体体现在法律抽象化与技术黑箱化之间的冲突。例如，在"快播案"这样一个涉及互联网技术而非人工智能技术的案件里，法律责任认定的过程很漫长也很艰难。监管者或法院并不想深入算法内部了解造成事故的技术原因是什么。只要法律认定这一黑箱应当在合理的范围内得到控制，事故就可以避免，黑箱提供者就应当承担责任。在这种情况下，我们可以预见，保险（甚至是强制险）就成为那些事故发生概率小但潜在损失巨大的市场的不二选择。目前，涉及技术的航空、医疗保险市场已经十分成熟，可以预见，保险将会延伸至更多的由人工智能驱动的服务行业。

也许要依靠算法的顶层设计来防止不良后果的产生。人工智能技术可能不只是理工专业人士研究的领域，法律人士和其他行业的治理者也需要学习人工智能知识，这对法律人士和其他行业的治理者提出了相应的技术要求。法治管理需要嵌入生产环节，如对算法处理的数据或生产性资源进行管理，以防造成消极后果。例如，在征信系统中禁止收集种族、性别、宗教派别、政治倾向等歧视性信息；在声誉系统中打击网络推手刷单，避免生产虚假数据；通过地域性监管限制网络专车及其司机的资质等。法律机器人本身也是一种辅助人类面对复杂规则从而做出判断的好办法——用技术进步来解决技术带来的问题。

与人工智能相关的法律问题可能会很多，在这里简单谈谈日常生活中人们比较关心的隐私问题。有人说，智能时代使人们进入了无隐私社会，因为一切数据都处在互动中，哪怕是心率都被可穿戴设备分享了。在智能时代要保护隐私，就要先突破旧有的观念。隐私当然是现代个人人格的一部分。现实中，人们强调保护隐私的同时，也热衷记录隐私，甚至传播隐私。没有隐私就没有独立的个体，但在数据时代，绝对的隐私会让个人无法被沟通和识别。在智能时代，保护隐私的最佳办法是采用制度与技术相结合的手段。例如，建立统一的数据保护平台，让个人可以了解自己的数据被政府或企业使用的状况，避免单向的过度使用。